零负担轻食

萨巴蒂娜◎主编

中国轻工业出版社

初步了解全书

这本书因何而生

想用更健康的方式减肥，让身体摆脱没必要的负担，从这本《零负担轻食》做起就可以了。

吃着舒服，不给肠胃增加负担；不囤积脂肪，不给身体造成负担。降低碳水化合物的摄入，尽量戒掉添加糖，提升每餐的蛋白质含量并合理摄入脂肪。这种零负担饮食，才是当今适应多数人的健康饮食方式。这本书可以帮你循序渐进地达到更健康的状态，既饱腹又饱口福，健康还吃不胖！

这本书都有什么

本书包含以下章节：

CHAPTER1　一身轻松，美味高纤：本章节都是富含膳食纤维的菜品，以蔬食、水果等食材为主，帮助你轻身排毒，纤体瘦身。

CHAPTER2　元气满满，优质蛋白：本章节的菜品注重优质蛋白质及合理的脂肪摄入，保证饱腹感的同时又不会令人长胖。

CHAPTER3　健康轻食，料理一餐：本章节的菜品为可以直接当作一餐或者一餐主菜的轻食，以家常菜品为主，简单易操作，美味不凑合。

CHAPTER4　摆脱负担，低糖饮品：本章节为饮品章节，健康的蔬果汁、果茶、低卡饮品，让你喝出水灵灵的肌肤。不用担心热量超标，只管放心畅饮！

看着名字就流口水

时间、难度、总热量清楚明了

品尝美味菜肴也是有情怀的

需要用到的食材一目了然，要打有准备的仗

详尽直观的操作步骤让你简单上手

参考热量表让你对摄入的热量心中有数

烹饪秘籍，让你与美味不再失之交臂

为了确保菜谱的可操作性，本书的每一道菜都经过我们试做、试吃，并且是现场烹饪后直接拍摄的。

本书每道食谱都有步骤图、烹饪秘籍、烹饪难度和烹饪时间的指引，确保您照着图书一步步操作便可以做出好吃的菜肴。但是具体用量和火候的把握也需要您经验的累积。

书中部分菜品图片含有装饰物，不作为必要食材元素出现在菜谱文字中，读者可根据自己的喜好增减。

书中菜品的制作时间为烹饪时间，通常不含食材浸泡、冷藏、腌制等准备时间。

计量单位对照表

1茶匙固体材料=5克　　1茶匙液体材料=5毫升

1汤匙固体材料=15克　　1汤匙液体材料=15毫升

做一个好吃饱腹又不胖的梦

现代人压力大，没时间运动，睡眠也少，所以特别容易发胖。然而越是如此，人们越是不愿意放弃口腹之欲，生活已经如此艰难，想吃点好吃的怎么啦？

收到，萨巴厨房这就安排：让你吃饱、吃好又不长胖。

我特别爱吃一个自己琢磨出来的蔬菜沙拉：自己做的鸡蛋沙拉酱，放很多的黄瓜、半个土豆、无淀粉青岛火腿，还有特别多的四季豆。完美满足了我的口腹之欲，还帮我解决了不爱吃蔬菜的问题。四季豆和黄瓜我平时很少吃，唯独这道料理让我可以吃进大量的蔬菜。做法简单，口感好，能饱腹，热量又低。

还有以前一个同事教我做的凉拌菠菜，用蒜汁和芥末一起，拌出来的菠菜吃起来肉感十足，又辣又过瘾。另外一道胖辣椒，用火烧去辣椒皮，然后拿个皮蛋拌一拌，那味道绝了。

番茄是上苍恩赐给人类的礼物。减肥期间我特别喜欢做鸡蛋番茄豆腐汤，用嫩嫩的水豆腐做，豆腐被煮得又酸又鲜，吃一大海碗也没多少热量，还能补充大量的蛋白质、水分和钙质。吃饱的感觉真是幸福极了，真得捧着肚皮好好溜达一会儿了。

麻辣小火锅也是很好的选择。你可以任性地吃鸡肉片、鱼片、虾滑，再把粉丝换成魔芋丝，味道差不多，热量却悬殊。我能连续吃一个星期的小火锅，锅底每天都不同。一个星期之后还能瘦一点。

所以一定要吃饱、吃好，嘴巴满足了，心灵才能得到满足，人就更不容易发胖。

生活不易，我们更要打起精神，善待自己。

萨巴蒂娜
个人公众订阅号

萨巴小传：本名高欣茹。萨巴蒂娜是当时出道写美食书时用的笔名。曾主编过八十多本畅销美食图书，出版过小说《厨子的故事》，美食散文集《美味关系》。现任"萨巴厨房"主编。

敬请关注萨巴新浪微博　www.weibo.com/sabadina

目 录

1 CHAPTER
一身轻松 美味高纤

番茄三重奏沙拉
16

腌渍樱桃萝卜
25

玫瑰荔枝草莓沙拉
22

蒜泥麻酱蒸茄子
28

虾泥烤长茄
29

腐乳菜花
31

2
CHAPTER

元气满满
优质蛋白

生菜包肉
45

子姜炒鸭
46

蒸滑鸡
48

清香鸡肉串
52

照烧鸡肉
54

大阪烧
60

蒜香小米辣拌卤牛腱
64

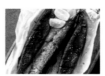

香煎秋刀鱼
66

低脂鱼酿橙
68

味噌烤鳕鱼
69

粉丝蒸扇贝
74

酿香菇
77

香辣鱿鱼
82

酱油溏心蛋
83

煎酿豆腐
84

蒜蓉黄油煎大虾
78

花蛤蒸蛋
86

厚蛋烧
88

水波蛋西葫芦意面
91

日式汉堡肉
92

土豆脊骨汤
94

豌豆尖丸子汤
96

翡翠鱼丁羹
97

虾仁豆腐羹
100

莲藕桂花鱼蓉羹
102

中式海鲜羹
104

3
CHAPTER

健康轻食
料理一餐

辣味番茄黄瓜蟹肉沙拉
106

百合莲子甜豆沙拉
108

绿蔬薏米沙拉碗
109

托斯卡纳面包沙拉
111

橙香蛋黄酱蔬菜塔
112

日式一夜渍蔬菜沙拉
114

日式金枪鱼沙拉
116

南瓜泥鸡胸肉沙拉
118

宫保风味虾球沙拉
120

虾皮小葱拌豆腐
124

荠菜春卷
126

烤蘑菇
130

蒜蓉烤蘑菇
133

法式小蛋盅
134

杏鲍菇鸡胸卷
140

西蓝花炒虾仁
142

酒蒸花蛤
147

燕麦饭团
149

银鱼青菜饼
153

玉米杂粮饼
154

泡菜煎饼
159

韩式海鲜煎饼
162

海苔鱼松蛋糕
164

关东煮
167

花蛤味噌汤
171

韩国大酱汤
172

4 CHAPTER
摆脱负担 低糖饮品

南瓜汤
174

时令水果红茶
177

热带水果茶
178

渐变色珍珠思慕雪
180

玫瑰蔓越莓茶
182

苦瓜黄瓜青汁
183

番茄西芹鸳鸯果汁
184

羽衣甘蓝豆浆思慕雪
186

紫甘蓝车厘子汁
187

红心火龙果茶
188

黄瓜薄荷汁
188

薄荷香茶
189

零负担才是健康轻食

健康轻食的原则

1) 减少碳水化合物和添加糖
长期摄入过量的碳水化合物会增加胰岛细胞的负担，引发高血糖，造成一系列的健康问题，但碳水化合物是热量的主要来源，不能因噎废食。怎么办呢？可以先将精米精面换成粗粮，减少其在一餐中的占比，增加蛋白质的摄入量，并合理摄入脂肪，增强饱腹感。另外，尽量减少添加糖的摄入。

2) 避免暴饮暴食
暴饮暴食是非常不可取的，它会打乱人体的生理节律，给身体造成负担。同时，在暴饮暴食过后会产生更大的心理负担。为避免这种现象，我们要保证按时吃三餐，不要让身体处于过度饥饿的状态下。

3) 减少外食的次数
在当前的生活环境下，很多人选择外食或者外卖。一般餐馆的饭菜为了保证色香味，会使用过多的食用油和调味料，因此我们会摄入过多的饱和脂肪酸和盐分，给身体造成不必要的负担。所以，在条件允许的情况下，还是应该尽量在家自己动手制作健康饮食。

常见轻食沙拉酱汁搭配

基础油醋汁

参考热量

1汤匙（15毫升）：
110千卡

材料

葡萄酒醋40毫升
橄榄油120毫升
盐少许
胡椒少许

做法

1 将所有材料放入密封的玻璃罐中，用力摇晃使其混合均匀，充分乳化。

2 可冷藏保存1周。由于没有使用乳化剂，这款沙拉汁非常容易分层，请在食用前充分混合均匀。

橄榄油巴萨米克醋油醋汁

参考热量

1汤匙（15毫升）：110千卡

材料

巴萨米克醋40毫升
特级初榨橄榄油120毫升
盐少许
黑胡椒碎少许

做法

1 将所有材料放入密封的玻璃罐中，用力摇晃使其混合均匀，充分乳化。

2 可冷藏保存1周。由于没有使用乳化剂，这款沙拉汁非常容易分层，请在食用前充分混合均匀。

柑橘油醋汁

参考热量

1汤匙（15毫升）：60千卡

材料

鲜榨橙汁40毫升
植物油（玉米油、葵花子油等无味冷榨油）40毫升
白葡萄酒醋40毫升
纯净水40毫升
柠檬2个
青柠1个
流质蜂蜜10毫升
盐、黑胡椒碎各少许

做法

1 将柠檬、青柠洗净，分别擦下少许皮屑留用。果肉挤汁。

2 将所有材料放入密封的玻璃罐中（包括擦下的柠檬皮屑和青柠皮屑），用力摇晃使其混匀，充分乳化。

3 可冷藏保存1周。由于没有使用乳化剂，这款沙拉汁非常容易分层，请在食用前充分混匀。

日式油醋汁

参考热量

1汤匙（15毫升）：90千卡

材料

植物油（玉米油、葵花子油等无味冷榨油）180毫升
谷物醋（苹果醋等淡色醋也可）70毫升
日本酱油30毫升
香油10毫升
生姜1小块
蒜1瓣
白糖15克
熟白芝麻1汤匙
柠檬汁、柠檬皮屑各少许
海盐、黑胡椒碎各适量

做法

1 将蒜瓣磨成蓉，或者剁成极细的末。

2 生姜去皮、磨成蓉，或者剁成极细的末。

3 将所有材料放入密封的玻璃罐中，用力摇晃使其混合均匀，充分乳化。

4 可冷藏保存1周。由于没有使用乳化剂，这款沙拉汁非常容易分层，请在食用前充分混合均匀。

芝麻沙拉汁

参考热量

1汤匙（15毫升）：60千卡

材料

白芝麻30克
日本酱油25毫升
味醂20毫升
白砂糖15克
苹果醋20毫升
香油10毫升
植物油20毫升
蛋黄1/2个
水淀粉适量

做法

1 芝麻放入锅中充分炒出香味。

2 用搅拌机将芝麻打碎。

3 将日本酱油、味醂、白砂糖、苹果醋、香油、植物油、蛋黄放在小锅里煮开。

4 加入水淀粉和打碎的芝麻，充分搅拌均匀。

5 再次煮开，静置放凉。冷藏可保存1周。

烹饪秘籍

也可以使用黑芝麻，做成黑芝麻风味沙拉汁。

酸奶蛋黄酱沙拉汁

参考热量

1汤匙（15毫升）：30千卡

材料

酸奶80克
蛋黄酱30克
柠檬汁1茶匙
盐、黑胡椒碎各少许

做法

1 将所有食材放入碗中。

2 搅打均匀即可。

柠檬橄榄油油醋汁

参考热量

1汤匙（15毫升）：100千卡

材料

特级初榨橄榄油50毫升
柠檬汁10毫升
白葡萄酒醋8毫升
第戎芥末酱2克
蒜蓉1克
新鲜罗勒叶2克
黑胡椒碎、海盐、蜂蜜各少许

做法

1 将罗勒叶切碎。

2 将所有材料放入密封的玻璃罐中，拧紧瓶盖摇匀，充分乳化。

3 可冷藏保存1周。由于没有使用乳化剂，这款沙拉汁非常容易分层，请在食用前充分混合均匀。

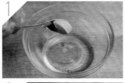

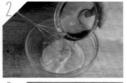

蜂蜜芥末油醋汁 做法

参考热量

1汤匙（15毫升）：90千卡

材料

苹果醋20毫升
苹果汁10毫升
柠檬汁5毫升
特级初榨橄榄油50毫升
植物油40毫升
大藏芥末酱10克
蜂蜜15毫升
盐少许
黑胡椒碎少许

1 将苹果醋、苹果汁、柠檬汁、大藏芥末酱混合均匀。

2 将橄榄油和植物油混合均匀，分次加入步骤1中，快速搅打使之充分乳化。

3 加蜂蜜搅拌均匀，用盐和黑胡椒碎调味即可。

法式沙拉汁 做法

参考热量

1汤匙（15毫升）：90千卡

材料

洋葱10毫升
第戎芥末酱1克
苹果醋20毫升
蛋黄酱5克
植物油100毫升
盐少许
黑胡椒碎少许

1 将洋葱切成极细的末。

2 将洋葱末、第戎芥末酱、苹果醋、蛋黄酱充分混合均匀。

3 分次加入植物油，快速搅打使之乳化，用盐和黑胡椒碎调味即可。

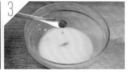

青酱 做法

参考热量

1汤匙（15克）：30千卡

材料

罗勒200克
平叶欧芹50克
橄榄油30毫升
松子仁10克
蒜蓉1克
奶酪粉5克
海盐少许
黑胡椒碎少许

1 将罗勒和欧芹分别择叶。

2 松子仁入烤箱160℃烤3分钟。

3 将所有材料一起放入料理机中搅打顺滑。

4 取出装瓶，可冷藏保存2周。

1
CHAPTER

一身轻松
美味高纤

番茄的N种打开方式

番茄三重奏沙拉

时间
15分钟

难度
低

总热量
256千卡

总有人抱怨，沙拉食材太单一，那一定是你的打开方式不对！每种食材都有千变万化的做法，比如番茄就是其中的佼佼者，这道沙拉就汇聚了番茄干、煮番茄与生番茄，让你从不同角度品尝到番茄的天然味道。

主料 大个番茄3个 | 番茄干20克
新鲜罗勒叶10克

辅料 特级初榨橄榄油1汤匙
柠檬汁1茶匙 | 白洋葱粒10克
海盐少许 | 黑胡椒碎少许

食材	热量
大个番茄3个··············	90千卡
番茄干20克··············	28千卡
特级初榨橄榄油1汤匙····	133千卡
柠檬汁1茶匙··············	1千卡
白洋葱粒10克··············	4千卡
合计··············	256千卡

做法

1 在番茄顶部打上十字。

2 烧开一锅水，放入番茄，将皮烫裂。

3 立刻捞出，放入冰水中，去皮。

4 其中2个番茄从底部水平切掉，用勺子挖空内部。

5 剩余的1个番茄一切为四，去子，切成小粒。

6 将罗勒叶切碎，番茄干切小粒。

7 在小碗中放入番茄粒、番茄干粒、罗勒叶切碎、橄榄油、柠檬汁、洋葱粒、海盐、黑胡椒碎混合均匀。

8 将步骤7中的沙拉酿回步骤4中处理好的番茄中。

9 装盘，淋上少许橄榄油，撒上少许黑胡椒碎和海盐即可。

烹饪秘籍

1 冷藏半小时食用口感更佳。
2 请选用成熟度高的番茄，以树熟为佳。

深红的血橙、水嫩的柳橙、油油的菠菜、剔透的石榴子……还有什么比这样一盘沙拉更让人食指大动呢？嫩叶菠菜柔软而涩感低，非常适合生食，血橙则富含花青素，好吃抗氧化，小仙女们还不行动起来？

⏱ 时间 **10分钟**

🔥 难度 **低**

☀ 总热量 **414千卡**

彩虹维生素仙女盘
石榴柑橘嫩菠菜沙拉

主料 柳橙1个 ┃ 血橙1个 ┃ 嫩叶菠菜100克
石榴1/2个

辅料 柠檬橄榄油油醋汁1汤匙 见P13
蜂蜜1茶匙

做法

1 将柳橙和血橙削去皮和白膜，切成厚片。嫩叶菠菜洗净，用沙拉甩干机甩干水分。将石榴剥子备用。

2 在盘中放入菠菜、血橙片、柳橙片，撒上石榴子，淋上柠檬橄榄油油醋汁，根据口味加入蜂蜜调节酸味。

烹饪秘籍

这道沙拉非常适合搭配烤海鲜，可以作为烤鱼、烤虾、烤扇贝等烧烤的配菜，也可以在沙拉中添加鱼肉、虾仁、鱿鱼等。

潘通色水果沙拉
罗勒草莓番茄沙拉

主料 彩色樱桃番茄200克 ┃ 草莓100克
柳橙1个 ┃ 罗勒叶5克

辅料 特级初榨橄榄油2茶匙
粗粒黄砂糖1/2汤匙

做法

1 将柳橙去皮，取出柳橙瓣。樱桃番茄和草莓洗净，对半切开。

2 将樱桃番茄、柳橙瓣、草莓放入沙拉碗中，撒上粗粒黄砂糖，淋入橄榄油，拌匀。装盘，撒上罗勒叶即可。

烹饪秘籍

粗粒黄砂糖能为沙拉带来颗粒感，也可以用白砂糖代替。如果使用糖粉或者绵白糖，口感较为细腻。

⏱ 时间 **10分钟**

🔥 难度 **低**

☀ 总热量 **300千卡**

樱桃番茄、柳橙、草莓，红黄搭配起来如同一抹晚霞，配上清新罗勒的点缀，带来的是一整天的朝气。被誉为"水果皇后"的草莓，富含多种维生素，还有美容护肤的食疗功效，让人难以拒绝！

当葱油遇见上海青，除了葱油拌面，竟还能创造出一道清新低脂的本帮沙拉。上海青一跃成为主角，与白玉菇一起，淋上葱香四溢的青葱油醋汁，十分适合上海胃。关键是，整道沙拉热量很低，吃上一大碗，一点不过分。

上海本帮沙拉

青葱油醋汁
上海青沙拉

 时间 15分钟 | 难度 低 | 总热量 246千卡

主料 上海青300克 ｜ 白玉菇1盒（125克）
青葱30克

辅料 植物油1汤匙 ｜ 生抽1茶匙
镇江香醋2茶匙 ｜ 白砂糖1茶匙
盐适量

烹饪秘籍

1 青葱可以用香葱代替，也可以用红葱头制成红葱油醋汁，但红葱头用量需减半。

2 这种做法也适合其他绿叶蔬菜，例如菜心、芥蓝、油菜等。

做法

青葱切薄片，上海青从底部一切为二，充分洗净。白玉菇择成小朵。

开水锅中加入1茶匙盐，依次放白玉菇和上海青焯熟，捞出放凉，挤干水。

将生抽、镇江香醋、白砂糖、少许盐放入碗中，混合均匀。

植物油烧热，放25克青葱片炸香，至颜色变焦黄，关火，倒入步骤3的碗中，制成青葱油醋汁。

将上海青、白玉菇放入盘中，淋入调好的青葱油醋汁，撒上剩余的青葱片即可。

自带减脂功效

杏仁豆角西蓝花沙拉

 时间
30分钟

难度
低

总热量
508千卡

豆角、西蓝花这样的
森系组合，与重口味的大蒜
会碰撞出怎样的火花？浓郁蒜香
瞬间激发出蔬菜的风味，不仅满
足口腹之欲，其蕴含的能提高新
陈代谢、降低体脂的大蒜素，
更悄悄赶走了饱餐一顿之
后的"罪恶感"。

主料 豆角200克 ┃ 西蓝花1/2棵
　　　杏仁50克

辅料 大蒜5瓣 ┃ 橄榄油2茶匙
　　　蜂蜜1茶匙 ┃ 第戎芥末酱1/2茶匙
　　　白葡萄酒醋1汤匙 ┃ 盐适量
　　　黑胡椒碎适量

食材	热量
豆角200克	68千卡
西蓝花1/2棵	41千卡
杏仁50克	289千卡
橄榄油2茶匙	90千卡
蜂蜜1茶匙	16千卡
第戎芥末酱1/2茶匙	4千卡
合计	508千卡

做法

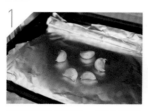

1　烤箱预热180℃，将大蒜连皮放入，烤15分钟左右至充分柔软。将烤好的大蒜取出，略微放凉，用勺子刮出蒜蓉，装入小碗中。

2　豆角择洗干净，切成长段。西蓝花切成小朵备用。

3　烧热一锅水，放入1茶匙盐，放入豆角煮熟，捞出控水。

4　待水再次烧开，放入西蓝花，汆烫熟立即捞出，控水。

5　烤箱预热160℃，放入杏仁烘烤10分钟，取出放凉。

6　香蒜沙拉酱：在装蒜蓉的小碗中加入蜂蜜、第戎芥末酱、白葡萄酒醋，搅打至顺滑，分次放入橄榄油，使之软化，用盐和黑胡椒碎调味。

7　在大碗中放入西蓝花和豆角，淋入步骤6中调好的沙拉酱拌匀，装盘，撒上杏仁即可。

烹饪秘籍

1　香蒜沙拉酱可以冷藏保存3天左右。非常适合搭配豆类，荷兰豆、四季豆、甜豆都可以用来做这道沙拉。

2　如果使用杏仁片代替杏仁，风味更浓郁。杏仁片在160℃的烤箱中烘烤5分钟，颜色变得金黄即可，久烤易发苦。

21

酷爱瘦身的人对苦苣的妙用一定不会陌生，虽然出道较晚，近年来才受到重视，但其颇高的营养价值和清肠降火的功效，一举成为瘦身蔬菜的C位。搭配酸甜的西柚、香脆的核桃，苦苣的苦涩恰如其分地得到了平衡。

时间
20分钟

难度
低

总热量
433千卡

苦尽甘来

蜂蜜核桃西柚苦苣沙拉

主料 西柚1个 | 核桃仁50克 | 苦苣叶100克

辅料 葡萄子油1汤匙 | 流质蜂蜜2茶匙
谷物醋、柠檬汁各1茶匙 | 盐少许
黑胡椒碎适量

做法

1 苦苣叶择洗净，浸泡15分钟，捞出甩干水分。西柚去皮取肉。

2 烤箱预热160℃，将核桃仁入烤箱烘烤10分钟，取出放凉。在小碗中放入所有辅料混匀。

3 将苦苣叶放入碗中打底，撒上西柚肉和核桃仁，淋上步骤3的沙拉汁即可。

烹饪秘籍

如果没有葡萄子油，可用玉米油、茶籽油代替，但要避免花生油等味道浓郁的油。

令人怦然心动

玫瑰荔枝草莓沙拉

主料 荔枝10颗 | 草莓80克 | 玫瑰花瓣25克

辅料 蜂蜜10毫升

做法

1 取20克玫瑰花瓣放入小锅中，加50毫升水，大火煮开，待玫瑰花瓣透明即关火，待凉至60℃左右时调入蜂蜜，静置冷却，即成玫瑰糖浆。将荔枝剥壳去核。

2 取一只深盘，在底部放入玫瑰糖浆，放入荔枝和草莓，撒上剩余的玫瑰花瓣即可。

烹饪秘籍

1 荔枝的果期短，没有新鲜荔枝时，可以使用荔枝罐头，也非常美味。

2 如果没有新鲜的玫瑰花瓣，可以使用干花或者使用玫瑰酱。

时间
15分钟

难度
低

总热量
108千卡

颜值最高的两大水果，也是萌萌少女们心中的至爱。酸甜的草莓搭配香甜饱满的荔枝，鲜美应季，佐上玫瑰的馥郁，不论颜值还是口味都让人惊艳和心动。谁说红颜皆花瓶，这道组合的营养功效可是杠杠的！

出自《深夜食堂》的春雨沙拉，因日语中粉丝与春雨的发音近似而得名。这里用魔芋丝代替了原本的粉丝，其超低的热量与血糖生成指数，让沙拉更加轻盈、无负担，真正像春雨一般润物细无声。

时间	难度	总热量
15分钟	低	341千卡

春雨沙拉

魔芋丝沙拉

主料　魔芋丝1盒（约300克）　|　西式火腿片2片
泡发木耳50克　|　水果黄瓜1根

辅料　葱花10克　|　植物油1汤匙
淡口日本酱油2茶匙　|　白砂糖1茶匙
黑胡椒碎1/2茶匙　|　熟白芝麻2克　|　盐少许

做法

1　魔芋丝洗净，剪短，入淡盐沸水中焯2分钟，捞出控水，放凉。

2　木耳切成细丝，在沸水中汆烫1分钟，捞出控水，放凉备用。

3　水果黄瓜切薄片，加1克盐拌匀使出水，挤干水分。

4　火腿切成5厘米长的粗丝。

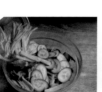

5　将主料放入大碗，加酱油、白糖、盐、黑胡椒碎拌匀。

6　锅中放油烧至冒烟，放葱花炸香，趁热浇在沙拉上拌匀，撒上熟白芝麻即可。

烹饪秘籍

1　魔芋丝本身含水丰富，用淡盐水汆烫可以使魔芋丝的水分析出。喜欢柔软、水分充足的口感可以减少汆烫时间，而延长汆烫时间可以使魔芋丝口感脆而有嚼劲。

2　用粉丝替换魔芋丝，则是传统的春雨沙拉。

阳光灿烂的日子里，好心情和一盘秀色可餐的水果沙拉最配哦！西瓜搭配富含维生素C的番茄和柳橙，以罗勒叶点缀，瞬间点亮好心情！冰镇后食用，更加解暑。

时间
10分钟

难度
低

总热量
267千卡

夏日好心情

罗勒番茄西瓜沙拉

主料 樱桃番茄12颗 ｜ 柳橙1个
西瓜果肉100克 ｜ 罗勒叶5克

辅料 细砂糖1茶匙 ｜ 特级初榨橄榄油1/2汤匙

做法

1 柳橙去皮，切成月牙状。西瓜果肉切成1厘米见方的粒，樱桃番茄一切为二。

2 将樱桃番茄、西瓜、柳橙加入细砂糖和特级初榨橄榄油混合均匀，覆上保鲜膜，放冰箱冷藏30分钟。取出摆盘，放上罗勒叶即可。

烹饪秘籍

也可将适量罗勒叶切碎后拌入沙拉中一起冷藏，罗勒风味析出更为明显。

酸酸甜甜的基础沙拉

葡萄干柳橙胡萝卜沙拉

主料 葡萄干30克 ｜ 柳橙2个 ｜ 胡萝卜2根

辅料 基础油醋汁1汤匙 见P11

做法

1 半个柳橙挤汁，半个柳橙去皮、取出橙肉瓣。葡萄干粗略切碎，放入小碗，用橙汁浸泡20分钟。胡萝卜削皮洗净，切成丝。

2 将胡萝卜丝、橙肉、葡萄干连同橙汁、基础油醋汁一起放入大碗中拌匀。覆上保鲜膜，放入冰箱冷藏半小时以上，至胡萝卜丝略微柔软入味即可食用。

时间
25分钟

难度
低

总热量
488千卡

许多人不爱吃胡萝卜，即使在沙拉里也恨不得把胡萝卜丝都挑出来，但胡萝卜的营养成分又是不可替代的。不如试试加入葡萄干和柳橙，在这两种强烈的清爽酸甜的风味冲击下，胡萝卜只能尝到那一丝天然的香甜。

烹饪秘籍

省略掉柳橙或者葡萄干也很好吃，如果要放置一段时间后再吃，柳橙肉可以在食用前再添加。

> 比樱桃甜脆，比白萝卜多汁，樱桃萝卜虽说个头小巧却是个高颜值、高营养的食材。富含多种矿物质，生吃还能防癌消积。无须太多调味品，腌一腌，保持原色原味，爽脆多汁，解油解腻。

- 时间 30分钟
- 难度 低
- 总热量 65千卡

萝卜"嘤嘤嘤"

腌渍樱桃萝卜

主料 樱桃萝卜350克

辅料 白醋3汤匙 | 白糖1茶匙 | 盐适量

做法

1 樱桃萝卜择掉根须洗净，将萝卜部分与叶子分开。

2 将2根筷子放在樱桃萝卜两侧，刀垂直于菜板，斜刀切片，切至筷子的位置，不要切断。

3 再将樱桃萝卜的另一面翻过来，用同样的切法，切成蓑衣樱桃萝卜。

4 向樱桃萝卜中撒入适量盐腌制15分钟，腌出萝卜的水分。

5 将叶子与樱桃萝卜混合放在碗中。

6 倒入白醋，撒入白糖，搅拌一下就可以了。

烹饪秘籍

樱桃萝卜腌制一下口感更爽脆，但腌制的时间不能太久，否则会导致脱水过多。

铺底的粉丝搭配莲花状做盏的油菜根，仿佛置身西湖边上。即使不爱吃蔬菜的人也无法拒绝这一抹春光。淋上鲜香蒜蓉汁，让清爽的口味又增添了几个层次。

丝丝入扣油菜盏

蒜蓉粉丝油菜盏

时间 30分钟 ｜ 难度 低 ｜ 总热量 335千卡

主料 油菜6根 ｜ 粉丝50克

辅料 植物油1汤匙 ｜ 蒜8瓣 ｜ 生抽3汤匙
蚝油2茶匙 ｜ 蒸鱼豉油3汤匙 ｜ 白糖1/2茶匙
香油1茶匙 ｜ 红尖椒1根 ｜ 盐少许

食材	热量
油菜6根 ·················	42千卡
粉丝50克 ·················	169千卡
植物油1汤匙 ···············	124千卡
合计 ·················	**335千卡**

做法

1 在油菜根部1/4处横向切下做盏，另外的3/4油菜留做他用，油菜盏洗净备用。

2 剪刀修剪一下油菜盏，将油菜盏的每一层剪出一个倒三角形，剪后如同莲花状，再修剪一下菜心，方便盛蒜汁。

烹饪秘籍

1 挑选油菜时建议选根部大小一致、分层比较多的油菜，做出来的油菜盏更美观。

2 将蒜蓉汁换成肉馅料也是不错的选择。

3 蒜去皮压蓉；红尖椒洗净去蒂，切圈。

4 烧一锅开水，放入油菜盏焯烫2分钟，捞出后过凉水。

5 再将粉丝放入开水中焯烫至软，捞出后沥干水分。

6 将粉丝铺在盘底，上面摆好油菜盏。

7 锅中倒油，烧至七成热时放蒜蓉炒至金黄，倒生抽、蚝油、蒸鱼豉油、盐、白糖、香油、少量清水成蒜蓉汁。

8 将蒜蓉汁淋在油菜盏和粉丝上，再撒上红尖椒圈即可。

爱吃肉又怕长胖的同学看这里，蔬菜世界里有一枚奇怪物种——茄子，它虽是素食，口感却更像肉类，而且热量极低，不碰油坚决不长肉那种。软糯的茄子裹着蒜泥麻酱汁，一口下去，是肉食动物也会爱上的绵软多汁。

想吃肉，茄子凑

蒜泥麻酱蒸茄子

 时间
35分钟

难度
低

 总热量
315千卡

主料 长茄子1个

辅料 芝麻酱35克 ｜ 蒜5瓣
生抽2茶匙 ｜ 白糖2克 ｜ 蚝油2茶匙
米醋2茶匙 ｜ 香葱1根 ｜ 盐适量

烹饪秘籍

在调蒜蓉芝麻酱汁时，分多次添加少许纯净水，边加边搅拌，调至能轻松倒出的浓稠度即可。

做法

1

长茄子去蒂、洗净，切成厚约2毫米的圆片，摆入深盘中。

2

香葱洗净，切碎；蒜去皮，压成蓉。

3

蒸锅中水烧开，在蒸屉上放入长茄子片，盖盖，上汽后蒸15分钟。

4

将除香葱外的全部辅料与少许纯净水拌匀成蒜蓉芝麻酱汁。

5

在蒸好的茄子片上均匀地淋入蒜蓉芝麻酱汁。

6

最后撒上香葱碎拌匀即可。

每到深夜，你是否也对烧烤十分想念？无油低脂，味道却毫不逊色的居家烤茄子了解一下？没有了"油腻感"，瞬间变得清爽无负担，加上虾泥的神助攻，层次也丰富起来。即便与街边烧烤比，赢面也非常大哦！

| ⏱ 时间 50分钟 | 🔥 难度 中 | ☀ 总热量 220千卡 |

比烧烤摊好吃100倍
虾泥烤长茄

主料	长茄子1个	虾仁10只
辅料	蒜8瓣	小米椒1根	香葱1根
	椒盐粉2克	孜然粉2克	生抽60毫升
	料酒1汤匙	白糖1/2茶匙	盐适量

1 虾仁去虾线洗净，用刀背拍散成泥状，加入料酒、20毫升生抽，腌制20分钟。

2 长茄子洗净，纵向一切两半；小米椒去蒂，洗净，切碎；香葱洗净，切碎；蒜去皮，压蓉。

3 将蒜蓉、白糖、适量盐、40毫升生抽混合，调成蒜蓉料汁。

4 烤箱180℃上下火预热3分钟，将两半茄子平铺在烤盘中，入烤箱180℃上下火烤5分钟。

5 再取出烤过的长茄子，分别涂抹上虾仁泥，淋上蒜蓉料汁。

6 随后放回烤箱用同样的火力再烤8分钟，烤好后取出，均匀撒入椒盐粉、孜然粉、小米椒碎、香葱碎即可。

烹饪秘籍

1 长茄子先放入烤箱中不仅可以烤去大部分水分，还可以使茄子更软嫩入味。

2 蒜蓉可以提前炒香再调料汁，香味更浓。

从初冬第一棵破土而出的笋，到谷雨时节冒出的香椿芽，还有夏天的苦瓜、初秋的莲藕……应季而食，不仅健康平衡，更是对生活的小小执念与热爱。

时间 30分钟

难度 低

总热量 1009千卡

最佳"笋"友

竹笋小炒

主料 竹笋丁300克 | 腊肉丁100克

辅料 植物油2汤匙 | 香葱1根（切碎）
胡萝卜半根（切丁） | 熟青豆25克
生抽2茶匙 | 盐少许

做法

1 竹笋丁、胡萝卜丁分别放入开水中煮熟，捞出过冷水，沥干水分。

2 炒锅中倒入植物油，烧至六成热时放入腊肉丁煸炒出油，再撒入香葱碎。随后下入竹笋丁、胡萝卜丁、熟青豆翻炒2分钟，倒入生抽，加少许盐调味，炒匀即可。

烹饪秘籍

不要放过多调味品，吃的就是竹笋的鲜美脆嫩。

豌豆尖女孩

清炒豌豆尖

主料 豌豆尖250克 | 蒜2瓣

辅料 油1汤匙 | 盐1茶匙 | 料酒1茶匙

做法

1 豌豆尖只留芽头的两节，择洗干净，沥干水分。蒜去皮，拍碎、切碎。

2 炒锅烧热，用油爆香蒜蓉，下豌豆尖快炒。放盐炒至断生，沿锅边淋上料酒，翻匀出锅。

烹饪秘籍

1 炒豌豆尖断生即可，菜要择得嫩，锅要烧得热。

2 最后淋一点料酒是为了增香，有5年陈的黄酒或年份更久的花雕更好。

时间 20分钟

难度 低

总热量 240千卡

水嫩、清新、低卡的豌豆尖有谁不爱？你可知道，它还是阳台种菜的首选，不娇气，容易发芽，吃的时候直接上手"掐"一把，不出几日，第二茬又郁郁葱葱了。

再自律的"食草星人"，也难免会有对沙拉毫无欲望的时候，这时就轮到腐乳登场了，无论搭配哪种蔬菜，都可以瞬间驱赶平淡，鲜到让人食指大动，是平平无奇的开胃小天才没错了。

时间	难度	总热量
35分钟	低	599千卡

开胃小天才

腐乳菜花

主料 散菜花650克

辅料 植物油3汤匙 ｜ 香葱1根
蒜3瓣 ｜ 干辣椒2根 ｜ 番茄酱2汤匙
腐乳汁3汤匙 ｜ 盐少许

做法

1 散菜花洗净，切小朵，泡在淡盐水中20分钟，使用前捞出，沥干。

2 香葱去根，洗净，葱白、葱绿分别切碎。

3 干辣椒去蒂，切末；蒜去皮，切末。

4 炒锅中倒植物油，烧至六成热时放葱白碎、蒜末、干辣椒末爆香。

5 再下入散菜花大火爆炒，炒至菜花发软微焦，倒入腐乳汁、番茄酱继续炒匀。

6 待菜汁变浓稠，撒入葱绿碎调味即可。

烹饪秘籍

散菜花可以提前焯水，缩短爆炒的时间，但口感没有干炒的清脆。

凉拌黄瓜作为经典凉菜没人不喜欢，但因为吃完后久久难去的蒜味，让大家不得不看看行程安排才敢动筷。这道油醋黄瓜卷用苹果醋、芥末和橄榄油佐味，更加清新透爽。

时间 **40分钟**

难度 **低**

总热量 **362千卡**

爽口黄瓜卷卷

油醋黄瓜卷

主料 黄瓜2根

辅料 生抽2汤匙　｜　苹果醋1汤匙
橄榄油2汤匙　｜　白砂糖、芥末酱各1汤匙

做法

1 黄瓜洗净，先刨去最上面一层外皮，再刨下一长片两边带皮的黄瓜条。全部刨好后，再卷成小卷。

2 取一小碗，放生抽、苹果醋、橄榄油、白糖、芥末酱调匀。淋在黄瓜卷上即可。

烹饪秘籍

生抽可换成鱼露，苹果醋可换成米醋，芥末可换成小米辣，橄榄油可换成香油。调料可随个人喜好更换。

颜值高热量低

秋葵炝藕丁

主料 秋葵100克　｜　藕半个　｜　干红辣椒3个

辅料 盐1茶匙　｜　油1汤匙　｜　白醋1茶匙

做法

1 秋葵去蒂，用盐搓去表皮茸毛，洗净，切小段。藕去皮，切丁，用水冲去多余淀粉。焯烫藕丁和秋葵，捞出过凉。干红辣椒剪成段，抖去子。

2 炒锅烧热油，爆香辣椒段，下藕丁翻炒。下秋葵炒匀，放盐调味，淋上白醋即可。

烹饪秘籍

秋葵果荚切开后横截面是五边形，因此藕丁也最好切成相似的形状，成菜更漂亮。

时间 **30分钟**

难度 **中**

总热量 **278千卡**

一个是清脆爽口的莲藕，一个是碧玉清香的秋葵，两个高颜值低脂肪小伙伴在餐盘中相遇，让空气中都飘逸着夏天，哦不，香辣的味道。

夏天没胃口的时候，一餐清爽小炒总能轻松唤醒食欲，南瓜甜、青瓜香、百合清苦，这道夏日小炒从摇着扇子的年代，吃到吹着空调的现在，始终伴着我们，清香悠扬，一点没变。

| 时间 30分钟 | 难度 中 | 总热量 232千卡 |

悠悠夏日小炒

青黄小瓜炒百合

主料 鲜百合1个 | 青瓜1根
南瓜1块（约100克）

辅料 油1汤匙 | 盐1茶匙 | 水淀粉20毫升
美极鲜几滴

做法

1 百合剥去外层带黑斑的老瓣，洗净泥沙，一瓣瓣剥开。

2 青瓜带皮切成小的滚刀块；南瓜去皮、去瓤，切成稍厚的菱形片。

3 煮一锅水，放百合焯烫，捞出过凉，沥干。

4 炒锅烧热油，放南瓜片煎至两面略黄。

5 下青瓜和百合炒均，加盐调味。

6 将水淀粉慢慢倒入锅中，勾个薄芡，最后滴上几滴美极鲜即可。

烹饪秘籍

青瓜即无刺小黄瓜，切开来没有子，瓜心硬，含水量较低，适宜炒菜。

别看我只是一株极其普通的菜心，烹饪起来却丝毫马虎不得。汆烫时间不能太久，要保持口感嫩脆，颜值也要始终翠绿在线，酱汁也是精心准备，这才配得上精致女孩的晚餐清单。

我是一颗小菜心

白灼菜心

时间
5分钟

难度
低

总热量
112千卡

主料 菜心300克

辅料 蒜3瓣 | 葱3根 | 红尖椒2个 | 蚝油2茶匙
生抽2茶匙 | 盐适量 | 油适量

食材	热量
菜心300克	84千卡
蒜3瓣	19千卡
蚝油2茶匙	9千卡
合计	**112千卡**

做法

1

菜心去老根后清洗干净
待用。

2

大蒜剥皮、拍扁，切蒜末；
葱洗净，切葱粒。

> **烹饪秘籍**
>
> "白灼"也适用于其他蔬菜，比如
> 油菜、芥蓝等；买来的菜心根部
> 比较老，一定要记得自己去掉下
> 面的老根部分；余烫菜心时间不
> 宜太久，菜心刚好断生就可以了。

3

红尖椒去蒂、洗净，斜切小
滚刀块。

4

锅中加入适量水，倒少许
油、适量盐烧开。

5

水开后下洗净的菜心入锅
中，余烫至菜心断生，捞
出，沥干多余水分，装盘中。

6

炒锅入适量油烧至七成热，
下蒜末、红椒块爆香。

7

爆香后下蚝油、生抽调成酱
汁；然后放入葱粒。

8

最后将锅中调好的酱汁淋在
盘中的菜心上即可。

以麻辣香行走江湖的川菜中，有一道非常正宗，却无比个性的开洋凤尾。鲜美的虾米点缀在碧绿的莴笋间，一派田园诗画般的悠然景象，原来"叛逆"也可以如此清新自然。

奇葩说川菜

开洋凤尾

⏱ 时间 30分钟

🔥 难度 中

☀ 总热量 193千卡

主料 莴笋嫩尖250克 | 虾米15粒

辅料 油1汤匙 | 料酒1汤匙 | 盐1茶匙
淀粉1茶匙

食材	热量
莴笋嫩尖250克	38千卡
虾米15粒	20千卡
油1汤匙	135千卡
合计	**193千卡**

做法

1 虾米用料酒泡发，备用。

2 莴笋只取笋尖和上部几片嫩叶，削去表面老皮，洗净。

烹饪秘籍

虾米又名开洋或金钩，莴笋美名凤尾。此菜名"开洋凤尾"即从这两者的别名而来，也可叫成"金钩凤尾"。

3 茎部顺长直切为薄片备用。

4 莴笋放开水锅里烫至五成熟捞出，沥干。

5 炒锅加油，烧至七成热，下虾米爆香。

6 加250毫升水煮沸，放盐调味，放入莴笋略煨。

7 盛入长盘中，略微整形。

8 锅内原汤加淀粉勾成玻璃芡，淋在莴笋上即可。

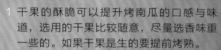

1 干果的酥脆可以提升烤南瓜的口感与味道，选用的干果比较随意，尽量选香味重一些的。如果干果是生的要提前烤熟。

2 最后上菜的容器要提前加热，以免南瓜放进去凉得太快。可以在烤南瓜的同时把上菜的盘子或碗放在烤箱顶上，烤好南瓜直接装盘，就不用单加热容器了。

谁说只有肉食才配得上精湛的厨艺，下功夫烹饪一道素食才配得上精致女孩的称号。每一块南瓜都要均匀裹上调味料，烤至金黄软糯，坚果的加入让风味更加鲜明，一定能收获点赞无数。

精致女孩的料理

坚果烤南瓜

时间
70分钟

难度
中

总热量
938千卡

主料 绿皮南瓜1000克 ｜ 菠菜100克
山核桃仁30克 ｜ 腰果50克

辅料 大蒜2瓣 ｜ 干欧芹碎1茶匙 ｜ 橄榄油1汤匙
奶酪粉2茶匙 ｜ 黑胡椒粉1/2茶匙 ｜ 盐1/2茶匙
黄油适量

食材	热量
绿皮南瓜1000克	230千卡
菠菜100克	28千卡
山核桃仁30克	197千卡
腰果50克	308千卡
橄榄油1汤匙	135千卡
奶酪粉2茶匙	40千卡
合计	938千卡

做法

1
南瓜洗净，去子不去皮，切成约2厘米的方块。大蒜去根，切成蒜末。菠菜只留下叶子，切成碎片。

2
南瓜块中加入橄榄油、黑胡椒、欧芹、蒜末和盐，搅拌均匀。让每块南瓜都均匀裹上调料。

3
烤箱预热200℃。烤盘上抹上一层融化黄油防粘。如果不喜欢黄油的奶味，可以涂橄榄油或者垫油纸。

4
将拌好调料的南瓜平铺在烤盘上，在烤盘上盖上一张锡纸，四周包好，扎几个小孔透水汽。

5
将烤盘放入烤箱，烘烤约35分钟，烤到南瓜能轻易扎透就好。

6
取出烤盘，去掉锡纸。拌入菠菜叶和山核桃仁、腰果，略拌匀。

7
将烤箱温度降低到170℃，继续烘烤15分钟。

8
取出烤盘，将烤南瓜装入温热的上菜容器，表面撒上适量奶酪粉和干欧芹碎即可。

是时候重温一下儿时的味道了，芹菜牛肉丝是妈妈的拿手菜，芹菜负责高纤维，牛肉负责高蛋白，下锅一炒，一道完美达标的健康家常菜就做好了。吃了几十年一点没变，是妈妈的味道。

小时候的减脂菜
芹菜牛肉丝

时间 15分钟	难度 中	总热量 626千卡

主料　牛里脊250克　｜　芹菜150克

辅料　生抽1汤匙　｜　白糖1汤匙　｜　蛋清1/3个
　　　　淀粉1汤匙　｜　小苏打1/4汤匙　｜　盐适量　｜　油适量

食材	热量
牛里脊250克	483千卡
芹菜150克	20千卡
白糖1汤匙	59千卡
蛋清1/3个	12千卡
淀粉1汤匙	52千卡
合计	626千卡

做法

1　芹菜去根叶，用手折成5厘米左右长段，并撕去较粗的筋络，洗净备用。

2　牛里脊肉洗净，顺着纹理切细丝。

烹饪秘籍

择洗芹菜时，尽量用手掰，不要用刀切，这样便于去除粗一些的筋络，炒出来的芹菜更加脆嫩；牛肉上浆时，加少许小苏打，可以起到嫩肉的作用。

3　切好的牛肉丝加小苏打抓匀，10分钟后用水冲洗干净，并控去多余水分备用。

4　牛肉丝入大碗中，加生抽、白糖、蛋清，用手抓匀。

5　再加入淀粉，继续用手反复抓匀至牛肉上浆。

6　炒锅烧热，倒入适量油，下上浆的牛肉丝，中小火炒至牛肉断生后盛出备用。

7　锅中再入适量油，烧至六成热，下芹菜段翻炒至颜色翠绿。

8　加适量盐调味，下炒至断生的牛肉丝，翻炒均匀后即可出锅。

清晨的早餐，从一盘营养满分的"暖沙拉"开始。菠菜氽熟后，拌入切块的水煮鸡蛋，膳食纤维和蛋白质一个都不能少。早晨吃沙拉怕胃寒，换这道满分早餐准没错。

时间
10分钟

难度
低

总热量
275千卡

营养满分暖沙拉

鸡蛋拌菠菜

主料　菠菜250克　|　鸡蛋1个　|　蒜2瓣
　　　　熟白芝麻1茶匙

辅料　油1汤匙　|　盐1/2茶匙　|　醋1茶匙

做法

1 鸡蛋煮熟，剥壳，切碎丁。菠菜洗净，入开水烫熟，捞出稍放凉，挤干水分，切段，加入盐、醋拌匀。

2 蒜切薄片，入热油中爆香。连油带蒜片浇在菠菜上。撒上碎鸡蛋丁，拌匀。撒上熟白芝麻即可。

烹饪秘籍

1 鸡蛋煮后放入凉水中浸片刻，更易剥壳。

2 醋最后放入，不影响色泽。

这碗菠菜有"魔"力

菠菜拌魔芋

主料　菠菜100克　|　魔芋60克

辅料　味噌1茶匙　|　白糖1/2茶匙　|　酱油1茶匙
　　　　高汤适量　|　熟白芝麻适量

做法

1 菠菜洗净，去根；魔芋块切细长条。

2 锅中烧开水，放入菠菜煮熟，捞出。接着放入魔芋煮2分钟，捞出沥干，装盘。菠菜挤干水分，切段，装入盘中。

3 将味噌、白糖、酱油和高汤调成酱汁，浇在盘中拌匀，撒上熟白芝麻。

时间
20分钟

难度
低

总热量
35千卡

魔芋低卡又饱腹；菠菜更是让大力水手都爱不释口。这两种食材的相遇，必然带着扑面而来的健康清风，减脂女孩还在犹豫什么？快开动吧。

烹饪秘籍

魔芋块焯水煮一会儿，能有效去除魔芋中的苦涩味道！

2

CHAPTER

元气满满
优质蛋白

减脂和美味从来不是一对反义词，正如这道汇聚了蟹肉、牛油果、荷兰豆的沙拉，高蛋白、低脂肪，最重要的是随便一拌就很美味。现在，你可以放下手中那块鸡胸肉，犒劳一下悸动的味蕾了。

时间
15分钟

难度
低

总热量
387千卡

"横行霸道"的沙拉
蟹肉荷兰豆牛油果沙拉

主料　荷兰豆200克　｜　牛油果1个
　　　　蟹肉（熟）100克　｜　综合生菜50克

辅料　基础油醋汁1汤匙 见P11　｜　盐1茶匙

做法

1 烧开水，放入1茶匙盐，放入择洗净的荷兰豆煮熟，捞出控水。牛油果一切为二，去核、去皮，切成厚片。

2 将综合生菜、牛油果、荷兰豆放入盘中，摆上蟹肉，淋上基础油醋汁即可。

烹饪秘籍

1 蟹肉可以选择蟹肉罐头或者新鲜海蟹拆肉。

2 用柑橘油醋汁替换基础油醋汁，风味更清新。

白白嫩嫩夏日沙拉
海藻豆腐沙拉

主料　绢豆腐（可生食）1盒（约400克）
　　　　干裙带菜（沙拉用）5克　｜　辣白菜50克

辅料　辣白菜汁1汤匙　｜　香油1茶匙
　　　　葱花1茶匙　｜　海苔片1片

做法

1 裙带菜用净水泡发，反复淘洗几次。豆腐切成1厘米厚的片，在盘中排好。

2 将辣白菜切碎，和裙带菜、香油、辣白菜汁一起拌匀，铺在豆腐顶部。撒上葱花和撕碎的海苔片即可。

烹饪秘籍

裙带菜也可以用其他海藻代替，如海葡萄、绿藻、海石花、羊栖菜等较为方便食用、适合做沙拉的海藻。

时间
15分钟

难度
低

总热量
392千卡

裙带菜和豆腐的经典组合，洋溢着日式和风的味道，煮汤鲜美、凉拌爽口。别看豆腐君水水嫩嫩、肤若凝脂的样子，蛋白质却很丰富，还能带来意料之外的饱腹感。想要美美的，吃它准没错！

三肥两瘦，大口吃肉

生菜包肉

时间
20分钟

难度
低

总热量
873千卡

实在按捺不住想吃肉的心情该怎么办？不是鸡胸、更不是人造肉，而是实打实的肥瘦相间的猪五花肉。水煮的口感虽不是最佳，但在烤肉酱和生菜的包裹下，也算是烤肉"平替"了，肉食宝贝，只能帮你到这里啦！

主料 猪五花肉250克 | 生菜适量
辣白菜适量

辅料 洋葱1/4个 | 大蒜3瓣 | 桂皮2克
清酒1汤匙 | 酱油1汤匙 | 韩式虾酱适量
韩国烤肉酱适量

烹饪秘籍

也可将生菜换成紫苏叶，味道会更加清香。

做法

1 洋葱、大蒜切厚片。

2 锅中放入五花肉、洋葱、大蒜，加水，大火煮开。

3 撇去浮沫，加入桂皮、清酒、酱油，转小火煮1小时。

4 煮好的五花肉自然冷却。

5 将五花肉切成1厘米厚的猪肉片。

6 将切开的猪肉摆在盘子中，放上辣白菜、生菜，准备虾酱和韩式烤肉酱。

7 取一张生菜，放上五花肉片、辣白菜、虾酱和烤肉酱，包在一起即可食用。

45

烹饪秘籍

1 嫩鸭含水量大，焯水后要充分沥干，沥得越干，炒的时间越少。

2 在沥干的过程中也可放少许盐拌匀，有助于脱水，也入了底味。

3 不能吃辣的，可不放干辣椒、青尖椒和郫县豆瓣酱，改用酱油上色。

"干饭人，干饭魂"，如果真的很怀念大口吃饭的日子，不如用这道鲜香辣的子姜炒鸭放纵一下！香麻的鸭肉，鲜嫩的子姜，搭配一碗藜麦饭。即使多吃一点儿，负担也不会太重。

干饭人的放纵时间

子姜炒鸭

⏱ 时间 50分钟 ｜ 🔥 难度 中 ｜ ☀ 总热量 1289千卡

主料 嫩鸭半只 ｜ 子姜100克 ｜ 大葱1根
青尖椒5根

辅料 料酒1汤匙 ｜ 花椒10粒 ｜ 油2汤匙
干红辣椒20克 ｜ 蒜5瓣 ｜ 郫县豆瓣酱1汤匙
盐1茶匙 ｜ 白砂糖2茶匙 ｜ 生抽1茶匙 ｜ 陈醋1茶匙

食材	热量
嫩鸭半只	900千卡
子姜100克	21千卡
大葱1根	28千卡
青尖椒5根	4千卡
油2汤匙	269千卡
郫县豆瓣酱1汤匙	27千卡
白砂糖2茶匙	40千卡
合计	**1289千卡**

做法

1 光鸭洗净，剁去鸭掌尖和鸭尾尖，去掉脖子上的皮，切成块。

2 冷水下锅，加1汤匙料酒煮开，撇去浮沫，冲净，沥干。

3 干红辣椒剪成段；葱洗净，切段；姜洗净，切成稍厚的片；蒜去皮，切成粒；青尖椒洗净，去蒂、去子，切成1厘米左右的丁。

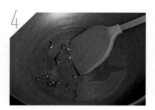

4 炒锅烧热油，放入花椒爆香。

5 下鸭块煸炒干水分，煸出鸭子本身的油。

6 放干红辣椒、蒜粒炒香，放郫县豆瓣酱小火煸炒出红油。

7 下青椒粒炒至断生，放盐、白糖、生抽、陈醋，炒至入味。

8 最后下葱段和子姜片炒出香味即可。

想吃鸡肉却又吃腻了水煮或香煎鸡胸，不如展现一下"蒸"功夫。鸡肉咸鲜，肉质细嫩，搭配香菇，即使在客厅都可以闻到揭开锅盖刹那间散发的香味。以蒸代替炒，滋养润燥，还不上火。

蒸功夫

蒸滑鸡

时间 **30分钟**	难度 **低**	总热量 **748千卡**

主料 鸡半只 ｜ 泡发香菇50克 ｜ 泡发木耳50克

辅料 姜3片 ｜ 蒜2瓣 ｜ 葱花适量 ｜ 淀粉2汤匙
料酒1茶匙 ｜ 盐适量 ｜ 油适量

食材	热量
鸡半只·····················620千卡
泡发香菇50克···············10千卡
泡发木耳50克···············10千卡
淀粉2汤匙·················108千卡
合计·····················**748千卡**

做法

1 干香菇、木耳用温开水提前泡发，再洗净。

2 将洗净的香菇对半切开；稍大的木耳用手撕小块。

3 姜片去皮、洗净，切姜丝；大蒜剥皮、洗净，切蒜末。

4 鸡清洗干净，斩小块；用流水冲洗一会儿，去血水。

5 将鸡块放入大碗中，加姜丝、蒜末、料酒、适量盐、淀粉、少许油拌匀，腌制半小时左右。

6 半小时后，加入切好的香菇继续腌制20分钟。

7 将木耳放入腌制好的香菇鸡块中，再加适量盐拌匀。

8 蒸锅入水，将拌好的鸡块冷水入蒸锅，大火蒸上汽后转中火蒸20分钟，最后撒上葱花即可。

烹饪秘籍

鸡块一定要提前腌制入味，后续加上香菇一起腌制，香菇的香味会渗进鸡块中，蒸出来会更加美味。

呈现这道从小爱吃的黑椒蜜汁鸡腿,调味料自然绝对不能将就,只能在烹饪上开动脑筋,用烤箱代替煎煮,加上无油配方,清爽无负担,快大口啃起来吧!

隔壁孩子都馋哭了

黑椒蜜汁鸡腿

时间	35分钟
难度	中
总热量	1213千卡

主料 鸡腿4只

辅料 黑胡椒碎2茶匙 ┃ 姜5克 ┃ 蒜2瓣
酱油2汤匙 ┃ 红酒2汤匙 ┃ 蜂蜜2汤匙
香油1汤匙 ┃ 绵白糖2茶匙 ┃ 盐适量

食材	热量
鸡腿4只 ····················	1051千卡
红酒2汤匙 ····················	26千卡
蜂蜜2汤匙 ····················	96千卡
绵白糖2茶匙 ····················	40千卡
合计 ····················	1213千卡

做法

1 鸡腿仔细清洗干净，用刀在表面划几刀。

2 姜、蒜去皮洗净，切姜片、蒜片备用。

3 鸡腿装大碗中，放入切好的姜片、蒜片。

4 再加入黑胡椒碎、酱油、红酒、绵白糖、盐搅拌均匀，腌制2小时以上。

5 将蜂蜜和香油倒入小碗中，调匀成蜜汁备用。

6 腌制好的鸡腿取出，用刷子均匀刷上腌制时的酱汁。

7 烤箱预热，将刷好酱汁的鸡腿放入烤盘中，再放入烤箱，200℃烤约30分钟。

8 30分钟后，将鸡腿取出，均匀刷上调好的蜜汁，再入烤箱烤5分钟即可。

烹饪秘籍

鸡腿不易入味，所以要划几刀，腌制的时间也要够长；且腌制期间要注意翻动，这样才能保证腌制得均匀。

宵夜时间到，饥肠辘辘的我们应该如何应对？不如关掉外卖软件，打开冰箱，自制一份不加一滴油的健康鸡肉串。富含膳食纤维的南瓜、热量极低的黄瓜，再撒上一把白芝麻，嗯，有那味儿了！

深夜健康烤串

清香鸡肉串

时间 20分钟 · 难度 低 · 总热量 472千卡

主料 鸡胸肉300克 | 南瓜100克
黄瓜1根（约100克）

辅料 白芝麻10克 | 生抽2汤匙 | 黑胡椒酱1汤匙

食材	热量
鸡胸肉300克	354千卡
南瓜100克	23千卡
黄瓜100克	16千卡
白芝麻10克	54千卡
生抽30毫升	6千卡
黑胡椒酱1汤匙	19千卡
合计	**472千卡**

做法

1 烤箱提前预热至180℃。

2 鸡胸肉洗净，切成3厘米见方的块。

3 南瓜去皮、去瓜瓤，切成3厘米见方的块。

4 黄瓜洗净，切成3厘米见方的块。

5 将黄瓜块、鸡胸肉和南瓜块交替串到竹签上。

6 将黑胡椒酱和生抽搅拌均匀。

7 将肉串放入烤盘中，将调好的酱汁均匀涂抹在肉串上。

8 将肉串放入烤箱，180℃烤20分钟，烤至鸡肉金黄，撒上芝麻即可。

烹饪秘籍

烤箱预热可以使烤箱内部温度更接近于烤制食物时所需要的温度，既能保证烘烤均匀，又能节省烘烤时间。

如果说照烧是日料的代表作，那照烧鸡肉应该算是代表作中的经典。香煎后的鸡腿吸收进浓郁的照烧酱汁，口感鲜中带甜。如果想要更低脂，将鸡腿去皮即可减去一半的脂肪含量。

迷之照烧鸡

照烧鸡肉

时间
20分钟

难度
低

总热量
380千卡

主料　鸡腿1个

辅料　酱油2汤匙 ｜ 味醂2汤匙 ｜ 白糖1/2汤匙
清酒1茶匙 ｜ 橄榄油适量

食材	热量
鸡腿1个	263千卡
酱油2汤匙	19千卡
味醂2汤匙	63千卡
白糖1/2汤匙	30千卡
清酒1茶匙	5千卡
合计	380千卡

做法

1 鸡腿洗净，从根部将鸡肉剪开，用刀剔掉骨头。

2 用厨房纸巾将鸡腿肉吸干水分。

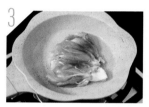

3 平底锅烧热，放橄榄油，将鸡皮朝下放入锅中，小火煎5分钟，中间不要翻动。

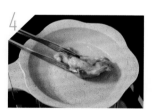

4 翻面，盖上锅盖，小火煎3分钟。

5 将酱油、味醂、白糖和清酒搅拌均匀，调成酱汁。

6 将酱汁倒入鸡肉中，转大火收汁。中间要给鸡肉多翻几次面。

7 待鸡肉均匀裹上酱汁即可出锅，切块食用。

烹饪秘籍

鸡腿肉要先煎有鸡皮的一面，这样在后续料理中才能使鸡肉保持鲜嫩多汁的口感。

开心小丸子

鸡肉丸子

时间	难度	总热量
20分钟	低	826千卡

担心买来的丸子太多添加剂,不如试着自己做次纯正无添加的丸子。一次做上一些,剩下的冷冻保存,随拿随用。不论是火锅、煎煮还是清蒸,冰箱里常有备菜的感觉真好。

| 主料 | 鸡肉末300克 | 鸡蛋1个 | 洋葱1/2个 |

辅料	酱油1汤匙	盐1/2茶匙	面包糠40克
	淀粉1茶匙	味酥1茶匙	日本清酒50毫升
	香油1茶匙	食用油适量	

食材	热量
鸡肉末300克	438千卡
鸡蛋1个	70千卡
洋葱1/2个	80千卡
面包糠40克	146千卡
日本清酒50毫升	47千卡
香油1茶匙	45千卡
合计	826千卡

做法

1 洋葱去皮、切末。

2 鸡肉末中加入味酥、酱油和盐，充分搅拌均匀。

3 打入1个鸡蛋，搅打上劲。

4 加入面包糠、淀粉和洋葱，再次充分搅拌。

5 搅拌好的肉馅淋上香油，捏成丸子状。

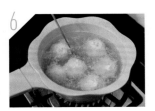

6 锅中加500毫升清水，倒入日本清酒，煮开，放入丸子，小火煮5分钟。

7 煮好的丸子盛出凉凉。

8 热锅冷油，放入丸子，小火煎至两面金黄即可。

烹饪秘籍

因为丸子容易散开，刚开始煮的时候，要等待丸子表面凝固后再翻动。

牛肉可是健身达人的最爱，高蛋白又低脂肪，但是总觉得烹制牛肉费时费力。于是滑蛋牛肉诞生了。相比做牛排或者炖煮牛肉，工序可要简单好多，但滋味却有过之而无不及。肉蛋搭配，跑马拉松也不累。

网红减脂餐

滑蛋牛肉

时间
20分钟

难度
中

总热量
921千卡

主料 牛肉250克 | 鸡蛋5个

辅料 淀粉2茶匙 | 苏打粉1/2茶匙 | 白胡椒粉1茶匙
葱花适量 | 白糖少许 | 生抽1汤匙 | 料酒2茶匙
香油2茶匙 | 盐适量 | 油适量

食材	热量
牛肉250克	483千卡
鸡蛋5个	348千卡
香油2茶匙	90千卡
合计	921千卡

做法

1 牛肉洗净，用刀背拍松，切5毫米左右薄片。

2 切好的牛肉加淀粉、苏打粉、白胡椒粉、生抽、料酒、1茶匙香油、少许清水搅拌均匀，腌制半小时。

3 鸡蛋打散，加白糖、适量盐、葱花、少许清水搅打均匀备用。

4 锅中倒入适量油，待油烧至五成热时下牛肉片滑至八成熟。

5 滑好的牛肉捞出，沥掉多余的油，倒入调好的蛋液中，搅拌均匀。

6 炒锅另倒入适量油，烧至五成热，倒入拌匀蛋液的牛肉，小火翻炒。

7 炒至蛋液未完全凝固时即可关火。

8 最后浇上1茶匙香油，翻炒均匀即可出锅。

烹饪秘籍

腌制牛肉时加入少许苏打粉，牛肉的口感会更嫩哦；炒牛肉和蛋液的时候，都要保证小火，炒至蛋液未完全凝固时关火，这样的滑蛋牛肉才是最嫩的哦。

有多少人是因为爱木鱼花而爱上了大阪烧的？本就材料满满的大阪烧，有了肉的加入，口感再次得到升华。这样一份有肉有菜的料理，谁能抵挡得住？最后的木鱼花，狂撒就对了。

一口下去超满足

大阪烧

时间
20分钟

难度
低

总热量
658千卡

主料 牛肉末150克 ｜ 猪肉末100克 ｜ 圆白菜30克

辅料 面包糠20克 ｜ 牛奶20毫升 ｜ 盐1茶匙
沙拉酱适量 ｜ 大阪烧酱适量 ｜ 木鱼花适量
食用油适量

食材	热量
牛肉末150克	170千卡
猪肉末100克	395千卡
圆白菜30克	7千卡
面包糠20克	73千卡
牛奶20毫升	13千卡
合计	658千卡

做法

1

将牛奶和面包糠倒入碗中，搅拌均匀。

2

圆白菜切丝，放入锅中炒熟，盛出备用。

3
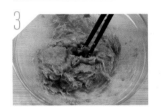
取一个大碗，放入牛肉末、猪肉末和盐，搅拌均匀。

4

再放入牛奶面包糠和圆白菜，搅拌均匀。

5

将搅拌好的肉馅一分为二，团压成肉饼。

6

平底锅烧热，倒油，放入肉饼小火煎2分钟，煎至两面金黄。

7
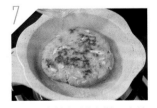
翻面，倒入没过肉饼一半的水，盖上锅盖，小火煎。直至水分收干，盛入盘中。

8

淋上沙拉酱、大阪烧酱和木鱼花即可。

烹饪秘籍

为了防止中间部分无法熟透，在煎的过程中要加水、盖上锅盖焖一下。

越吃越瘦

魔芋炒牛肉

时间 15分钟　难度 低　总热量 422千卡

主料 肥牛150克 ｜ 魔芋100克 ｜ 胡萝卜30克　西蓝花100克

辅料 蚝油2茶匙 ｜ 生抽1茶匙 ｜ 玉米淀粉1茶匙　盐少许 ｜ 油适量

食材	热量
肥牛150克	362千卡
魔芋100克	12千卡
胡萝卜30克	12千卡
西蓝花100克	36千卡
合计	422千卡

做法

1 魔芋斜着切成3厘米左右的块。

2 西蓝花洗净，在淡盐水中浸泡15分钟。

3 胡萝卜洗净，去皮，切片。

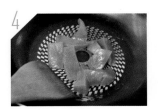

4 炒锅烧热，不放油，放入魔芋块翻炒，将水分炒出。

5 平底锅烧热，放油，放入肥牛片翻炒。

6 放入西蓝花、胡萝卜和适量清水，盖上锅盖焖2分钟。

7 将蚝油、生抽和淀粉调成酱汁。

8 将酱汁和魔芋倒入锅中，快速翻炒均匀即可。

烹饪秘籍

魔芋要先进行干炒，去除水分，这样才能使魔芋很好地入味。

工作日的快手菜如何才能快速、开胃又健康？熟食中的卤牛腱绝对值得拥有，直接食用香味浓郁，加入香菜、辣椒速成一道凉拌菜，既饱腹又低脂。打工人辛苦一天，幸福感和零负担，统统给你。

小米辣爱小牛肉

蒜香小米辣拌卤牛腱

 时间 20分钟

 难度 低

总热量 241千卡

主料 卤牛腱100克 | 香菜50克

辅料 蒜2瓣 | 生抽1茶匙
橄榄油1茶匙 | 醋1茶匙
白砂糖1/2茶匙 | 蒜香小米辣适量

烹饪秘籍

1 蒜香小米辣有特殊香辣味，用来拌菜，吃惯的菜会变成另一个新鲜味型。

2 如果不能吃辣，可少放或改用其他调味料。

做法

1 卤牛腱切成极薄的片。

2 香菜择去老根黄叶，用纯净水洗净，切段。

3 蒜去皮，用压蒜器压成蒜蓉，加1汤匙水拌成蒜泥水。

4 蒜泥水里加生抽、醋、糖、橄榄油、蒜香小米辣拌匀成料汁。

5 和牛肉片拌匀。

6 再拌进香菜段，放进盘子里即可。

味道、香气双双在线的紫苏，自古就与鱼是一对好搭档，去腥增味都很有一套。炎炎夏日，想要降火去燥，还可以加入苦瓜，鱼片嫩滑，苦嫩鲜香，低热量无负担，吃起来清新爽口。

紫苏炒菜，自成一派

紫苏苦瓜炒鱼片

 时间 45分钟

难度 低

 总热量 920千卡

主料 草鱼1条 | 苦瓜1根 | 紫苏叶80克

辅料 姜3克 | 大葱20克 | 红米椒3根
青米椒3根 | 生抽3汤匙 | 料酒3汤匙
胡椒粉1/2茶匙 | 橄榄油3汤匙
淀粉1/2茶匙 | 盐适量

烹饪秘籍

1 鱼片不要用力翻拌，否则易导致散碎，影响菜品卖相。

2 紫苏叶翻炒时间不要太长，遇盐或高温会析出水分，再加锅铲翻拌容易变得软塌。

做法

1 草鱼洗净，去头、去尾、去皮，沿着鱼骨片出2排鱼肉，再片成厚约8毫米的鱼片。

2 鱼片中倒入生抽、料酒、胡椒粉、淀粉、适量盐，翻拌均匀，腌制30分钟。

3 苦瓜洗净，去瓤、去子，切成厚约2毫米的圈；紫苏叶洗净，沥干水分。

4 姜去皮、切丝；大葱去皮、斜刀切片；红、青米椒洗净，去蒂、切圈。

5 橄榄油倒入炒锅中，烧至五成热时，放入姜丝、大葱片、青红米椒圈炒香。

6 随后放入苦瓜圈，大火翻炒3分钟，再滑入腌好的鱼片，快速翻拌炒至变色。

7 接着放入紫苏叶翻炒30秒，再加少许盐调味，出锅即可。

"秋刀鱼"因体形修长如刀而得名。与这刚硬名字形成鲜明对比的，是它出奇细嫩的肉质。小火慢煎后，外酥里嫩的口感让人欲罢不能。不容小觑的是，它的蛋白质含量还非常高。

猫和你都想了解

香煎秋刀鱼

时间 20分钟 | 难度 中 | 总热量 1892千卡

主料　秋刀鱼2条

辅料　辣椒粉5克　｜　黑胡椒粉5克　｜　孜然粉5克
　　　柠檬3片　｜　蚝油2茶匙　｜　盐适量　｜　橄榄油适量

食材	热量
秋刀鱼2条	1883千卡
蚝油2茶匙	9千卡
合计	1892千卡

做法

1 秋刀鱼去掉内脏，清洗干净。

2 在鱼身上斜切几刀，方便入味。

3 开刀过后的秋刀鱼加黑胡椒粉、盐腌制1小时左右。

4 平底锅烧热，均匀刷上少许橄榄油。

5 将腌制过后的秋刀鱼放入平底锅中，刷上蚝油，小火慢煎。

6 当底面煎至微黄焦香时，用锅铲小心地翻至另一面继续小火慢煎。

7 两面都煎至焦香后，挤上适量柠檬汁煎一小会儿。

8 最后撒上辣椒粉、孜然粉调味，即可出锅装盘。

烹饪秘籍

煎秋刀鱼时尽量少翻面，否则鱼皮会掉，影响菜品美观；秋刀鱼是海鱼，腥味较重，所以柠檬汁必不可少，可以很好地去腥提香。

67

本帮菜中的名角"蟹酿橙",将蟹粉与橙肉一起烹饪,看似奇怪,却促成了鲜味与清甜的完美碰撞。把季节性、高热量的蟹粉换成巴沙鱼,随时随地都能毫无负担地吃到这道创意十足、还不用洗碗的料理啦!

🕐 **时间**
30分钟

🔥 **难度**
低

☀ **总热量**
518千卡

躲进橙子里的鱼
低脂鱼酿橙

主料　巴沙鱼300克　｜　香橙2个

辅料　柠檬2个　｜　胡椒粉1/2茶匙　｜　盐适量

做法

1　巴沙鱼解冻洗净,放入料理机中打成泥。两个香橙分别在顶部1/3处切开,挖出橙肉,剩余的2/3做橙盅。

2　柠檬一切两半,挤出柠檬汁,倒入巴沙鱼泥中,加入香橙肉、胡椒粉、盐,顺时针搅拌上劲,再一分为二,分别装在橙盅内。

3　蒸锅中烧开水,放入做好的鱼酿橙,大火蒸10分钟,关火后虚蒸2分钟即可。

烹饪秘籍

在巴沙鱼泥中磕入一个鸡蛋,更容易搅拌上劲,增加鱼肉的弹性,令口感更嫩滑。

烧烤夜宵必点
铁板奶酪秋刀鱼

主料　秋刀鱼6条　｜　马苏里拉奶酪碎30克

辅料　甜米酒2汤匙　｜　蜂蜜1汤匙
橄榄油少许　｜　盐适量

做法

1　秋刀鱼洗净,加甜米酒和适量盐腌制20分钟。

2　铁板上刷一层橄榄油,放入秋刀鱼煎至两面金黄。在秋刀鱼的表面刷一层蜂蜜。再撒入马苏里奶酪碎,待其融化即可。

烹饪秘籍

1　秋刀鱼上的水分不用沥干,否则煎出来的口感发硬。

2　每条秋刀鱼上的奶酪碎不要撒过多,否则奶酪碎高温变焦会影响口感。

🕐 **时间**
35分钟

🔥 **难度**
低

☀ **总热量**
1064千卡

秋刀鱼白皙细嫩的肉质在烤干后鲜香紧致,不仅含脂肪较少,还能抗氧化。自制起来不仅更健康,还能撒点奶酪碎,让鲜甜的口味上多加一份奶香。

来自北欧的鳕鱼，裹上日式和风味噌，再以更为健康的烤制代替传统油煎，不知道这款营养、低脂又美味的无油晚餐，配不配得上这个"凡尔赛"式的名字呢？

时间	难度	总热量
15分钟	低	237千卡

北欧白雪遇见清新和风
味噌烤鳕鱼

主料 鳕鱼200克

辅料 味噌酱2汤匙 ｜ 白胡椒粉1/2茶匙
料酒1汤匙 ｜ 生抽1汤匙 ｜ 大葱20克

做法

1 鳕鱼洗净，用厨房纸巾吸干水分。加入白胡椒和料酒腌制10分钟。

2 将味噌酱和生抽放入碗中，搅拌均匀成酱汁。

3 腌制好的鳕鱼放在锡箔纸上。

4 两面均匀涂抹上调好的味噌酱汁，用锡箔纸包裹起来。

5 放入烤箱，180℃烤10分钟，烤至两面金黄。

6 大葱切细丝，均匀摆在烤好的鳕鱼上即可。

烹饪秘籍

味噌本身带有咸味，不需要再放盐调味。使用味噌本身的味道，这样有助于减少盐的摄入。

酸酸甜甜龙利鱼

番茄炖龙利鱼

时间
40分钟

难度
低

总热量
564千卡

当酸甜可口的番茄遇见鲜美无刺的龙利鱼，最佳搭档的名衔就非它莫属了。渗透了番茄浓汁的龙利鱼可以敞开吃，低脂高蛋白，根本无须担心发胖，而且它对防治心脑血管疾病和增强记忆力颇有好处。

主料 番茄2个（约230克）
　　　 龙利鱼2条（约400克）

辅料 大蒜5瓣（约10克） ｜ 大葱20克
　　　 生姜10克 ｜ 番茄酱2汤匙 ｜ 生抽1汤匙
　　　 白糖1汤匙 ｜ 盐1茶匙 ｜ 橄榄油10毫升

食材	热量
番茄2个（约230克）	58千卡
龙利鱼2条（约400克）	332千卡
番茄酱2汤匙	25千卡
白糖1汤匙	59千卡
橄榄油10毫升	90千卡
合计	**564千卡**

做法

1 番茄洗净、去蒂，顶部切十字刀。

2 锅中烧开水，放入番茄烫30秒，捞出去皮。

3 将番茄切成小丁。

4 龙利鱼洗净，切成2厘米厚的片。

5 大蒜剥皮、切片；大葱切片；生姜切片。

6 炒锅烧热，倒油，放入葱姜蒜煸炒，加入番茄丁炒出汁。

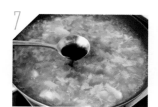

7 加水没过食材，煮沸，放入番茄酱、生抽、白糖搅拌均匀。

8 放入龙利鱼，转小火炖20分钟，熬至只剩一半汤汁。

9 出锅前撒上盐即可。

烹饪秘籍

在番茄顶部划十字刀，再放入沸水中烫30秒，是很快捷的去皮方式。去皮的番茄更容易被人体消化吸收。

鲅鱼肉多刺少，富含矿物质和蛋白质。它本身的肉质就非常鲜美，只需佐以少量盐腌制，再放入烤箱烤制，便能激发出鲅鱼最鲜美的味道！

盐烤的味道鱼知道

盐烤鲅鱼

时间
15分钟

难度
低

总热量
336千卡

主料 鲅鱼200克

辅料 橄榄油2茶匙 ｜ 盐1克
柠檬1/4个（约10克）

烹饪秘籍

用烧烤纸包裹烤制，能将鲅鱼的鲜美最大限度地激发出来，还能有效消除鲅鱼的腥味。

做法

1
鲅鱼冲洗干净，用厨房纸巾吸干水分。

2
平底锅烧热，倒橄榄油，放入鲅鱼两面煎烤。

3
烤盘上铺上一层烧烤纸，放上煎好的鲅鱼。

4
均匀撒上一层盐，将烧烤纸紧紧包上。

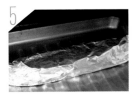
5
放入烤箱中，230℃烤制15分钟。

6
在烤好的鲅鱼上淋上柠檬汁即可。

说到韩餐，辣炒年糕绝对是排得上TOP3的美味，可惜超高热量让人望而却步。这让鱼饼看到了上位的希望。减脂女孩已经忍了太久，小小放纵理应无罪。

追剧必备减脂美味

韩式炒鱼饼

 时间 20分钟

 难度 低

 总热量 425千卡

主料 鱼饼4片 ｜ 洋葱1/2个
青辣椒2个

辅料 酱油1汤匙 ｜ 蒜末2茶匙
蜂蜜1汤匙 ｜ 辣椒粉2茶匙
熟白芝麻1茶匙 ｜ 食用油适量

烹饪秘籍

鱼饼先放入锅中煎得微微焦，这样做出来的鱼饼能充分吸收酱汁，口感更好。

做法

将鱼饼切成1厘米宽、3厘米长的长条；洋葱切片；青辣椒斜切成片。

碗中放入酱油、蒜末、蜂蜜和辣椒粉搅拌均匀。

平底锅烧热倒油，放入鱼饼和洋葱，大火烧香，待鱼饼煎至微微焦。

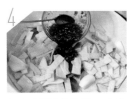

加入步骤2的酱汁，充分搅拌均匀。

加入青辣椒、熟白芝麻，收汁即可出锅。

扇贝最宠粉

粉丝蒸扇贝

时间 30分钟　难度 中　总热量 291千卡

每年秋冬都是扇贝最肥美的时候，以扇贝壳为盛器，让扇贝与粉丝在水蒸气中渐渐成熟，鲜美滋味一滴都不浪费，再加上大蒜这个去腥、减脂的秘密武器，快放下减脂的负担，尽情大快朵颐吧！

主料 扇贝6只 | 大蒜头半个 | 粉丝1小把
　　　 葱3根

辅料 油1汤匙 | 蒸鱼豉油1汤匙 | 盐少许
　　　 料酒少许 | 淀粉适量

食材	热量
扇贝6只	60千卡
大蒜头半个	45千卡
粉丝1小把	51千卡
油1汤匙	135千卡
合计	291千卡

做法

1 粉丝用温水浸泡，剪成小段。

2 扇贝先用毛刷清洗贝壳上的泥沙。小刀沿两片壳的中缝撬开，贴着贝壳切开贝壳与贝壳肌。

3 取出贝壳肌和贝肉，清水冲洗，去除黑膜和内脏。

4 贝肉和贝壳肌放碗里，用少许盐、料酒、淀粉抓洗，进一步去掉泥沙和杂质。

5 冲洗干净，沥干水，备用。

6 蒜头去皮，用压蒜器压成蓉，调少许盐入味。

7 扇贝壳留一片，放上剪碎的粉丝段、贝肉、蒜蓉。

8 放蒸锅里，上汽后约8分钟至熟。葱切成葱花备用。

9 取出，浇上蒸鱼豉油，撒上葱花。

10 烧热1汤匙油，淋在葱花上即可。

烹饪秘籍

蒜蓉先用油爆，做成蒜油会更香。

丝瓜生翠，虾仁熟红，光看色，就知道鲜了。丝瓜的热量还很低，所含的皂苷和黏液有利于增强体能，快速排毒，帮助提升新陈代谢。

时间
50分钟

难度
中

总热量
328千卡

红绿夏日烩
丝瓜烩虾仁

主料 　丝瓜1根 | 虾仁100克

辅料 　油1汤匙 | 盐1茶匙 | 姜1小块
料酒2茶匙 | 淀粉1茶匙

做法

1 虾仁挑去虾线，洗净，用厨房纸吸干水分，加盐、料酒、淀粉抓拌均匀，放入冰箱，腌30分钟。丝瓜去皮，切成滚刀块；姜切菱形小片。

2 炒锅烧热，放油烧至五成热，放姜片、虾仁炒散。放丝瓜和盐炒匀，加盖焖2分钟至丝瓜出水。开盖炒至汤汁变稠即可。

烹饪秘籍

虾仁上的淀粉和丝瓜汤遇热变稠，起到勾芡的效果。

虾味鲜
盐水河虾

主料 　河虾300克

辅料 　姜2片 | 料酒2汤匙 | 盐1茶匙
花椒10粒

做法

1 河虾剪去虾须、虾枪和虾脚，投洗干净。

2 放进一只小锅里，放盐、花椒、料酒、姜片，加水没过虾面，加盖煮开。关火，静置，自然冷却。吃时连汤一起倒入盘中。

烹饪秘籍

1 河虾易熟，煮开即可，久煮变老。
2 原汤浸泡，虾壳不干，肉更细洁。

时间
30分钟

难度
低

总热量
281千卡

简单的烹饪手法总能留住鲜美食材的精华。很多人喜欢油爆虾，但将河虾用盐水焯一下才最能体现它的美味，也最大程度保留了河虾的营养。虾的脂肪含量低，蛋白质含量却比鱼蛋奶还高，吃上一大盘也毫无负担。

香菇被称为菇中皇后，不仅口感肥厚细嫩，还具有独特的鲜香。将肉香和菌香完美叠加后，不油不腻，口感特别。香菇含有的多糖可改善机体代谢，增强免疫力。

时间 **50分钟**　难度 **中**　总热量 **141千卡**

一口一朵
酿香菇

主料	鲜香菇8朵　｜　虾仁10只
辅料	豆腐20克　｜　生抽1汤匙 料酒1汤匙　｜　蚝油2茶匙　｜　淀粉1/2茶匙 胡椒粉1克　｜　盐适量　｜　香葱1根

做法

1 鲜香菇洗净，去蒂成小碗托状。

2 虾仁去虾线洗净，用刀背拍成虾滑；豆腐切碎末；香葱切碎。

3 将虾滑与除香葱外的所有辅料混合，搅拌上劲成馅泥。

4 将鲜香菇托摆入盘中，在每个香菇碗托上填入适量的馅泥。

5 酿好的香菇放入蒸锅中，大火煮开，待上汽后蒸7分钟。

6 蒸好后，撒入香葱碎点缀即可。

烹饪秘籍

蒸后的酿香菇会出很多汤汁，可以将汤汁倒回炒锅中，加调料并勾薄芡，再淋在酿香菇上，能提升口感。

吃饭是件快乐的事，千万不要为了想瘦，把这份幸福弄丢了。这道"快乐虾"就能让你把健康和快乐一起握在手里，高蛋白的虾肉以极少的油快速加热，鲜嫩弹牙，多吃几只也不怕胖。放下心，把美味吞进肚子吧！

做只快乐虾

蒜蓉黄油煎大虾

时间	难度	总热量
30分钟	低	718千卡

主料 大虾6个

辅料 黄油15克 ｜ 大蒜2瓣 ｜ 黑胡椒粉少许
盐少许 ｜ 白酒2茶匙 ｜ 橄榄油2茶匙
欧芹碎少许

食材	热量
大虾6个	465千卡
黄油15克	133千卡
白酒2茶匙	30千卡
橄榄油2茶匙	90千卡
合计	**718千卡**

做法

1
大虾解冻，冲洗干净，剪去虾须和头部尖刺。开背，去掉虾线。

2
将大虾放入碗中，加入白酒，抓匀，腌制10分钟以上，给大虾去腥。

3
大蒜剁成蒜蓉。腌好的大虾用厨房纸巾擦干水分，防止煎的时候油飞溅。

4
在虾上撒上黑胡椒粉和盐，抓匀，别撒太多，不要盖住大虾本身的鲜味。

5
小火加热平底锅，放入橄榄油和蒜蓉，将蒜蓉炒出香味，注意别炒到蒜末变色。

6
放入大虾，将两面煎到微微有些焦黄，虾肉完全变色。

7
放入黄油，继续煎约20秒。黄油的加入可以让虾表皮更油亮，香味更浓厚。

8
用筷子将大虾夹到盘子里，撒上少许欧芹碎，装饰的同时增加风味。

烹饪秘籍

做这种煎大虾最好选择尽可能大的那种虾，煎出来才更漂亮。给虾开背的时候，开口别太长，如果从头开到尾，煎好的虾形状不够漂亮。开虾身长度的一多半，能取出虾线，也方便入味就好。

鲜爽弹牙的鱿鱼不论是爆炒、涮火锅还是凉拌，都深受大家的喜爱。打花刀后的鱿鱼片只需要一锅开水，汆一下就宛如一株株麦穗，洁白透亮，咸鲜脆爽。鱿鱼中还有硒、锰等多种抗氧化物质，可以滋阴养胃，也能补虚润肤。

不要犹豫，就要鱿鱼

炝拌鲜鱿

⏱ 时间 30分钟	🔥 难度 中	☀ 总热量 400千卡

主料 鲜鱿鱼1条

辅料 香葱3根 ｜ 姜1块 ｜ 红椒1个 ｜ 蒜2瓣
盐1茶匙 ｜ 生抽或蒸鱼豉油2茶匙 ｜ 油1汤匙

食材	热量
鲜鱿鱼1条··················	252千卡
蒜2瓣··················	13千卡
油1汤匙··················	135千卡
合计··················	400千卡

做法

1 鲜鱿剥去外皮，清除内脏，洗净。

2 切成菱形花刀，或者就切成粗丝。

3 烧一锅开水，水要多，放少许盐、几滴油。

4 烧水的同时把葱、姜切成细丝、红椒去子，切成丝或圈、蒜去皮压成蓉。

5 水开后把切好的鱿鱼放进去烫熟，捞出，放在碗里。

6 放上葱丝、姜丝、蒜蓉。

7 炒锅加油烧热，放红椒圈炸出香味，淋在蒜蓉上。

8 浇上生抽或蒸鱼豉油即可。

烹饪秘籍

鱿鱼切花刀，除了好看，更是增大鱿鱼的表面积，受热更充分，更容易熟。

鱿鱼这位海鲜主角，凭借鲜香的味道和筋道的口感，一直备受追捧。即使是铁板鱿鱼的小吃摊都经常排长队。这道香辣鱿鱼甜辣的酱汁包裹着脆嫩的鱿鱼，香辣鲜甜，不要一不小心吃太多哦！

自鱿人的自由

香辣鱿鱼

时间	难度	总热量
20分钟	低	336千卡

主料 鱿鱼1条 ｜ 大葱30克
洋葱1/4个 ｜ 青辣椒2个 ｜ 大蒜2瓣

辅料 酱油1汤匙 ｜ 韩式辣酱1/2汤匙
白糖1茶匙 ｜ 熟芝麻适量
橄榄油适量

烹饪秘籍

在炒鱿鱼时要控制火力，不宜太大，否则鱿鱼的肉质容易变硬，只需快速翻炒即可。

做法

1 鱿鱼洗净，去除表面黑色筋膜。将鱿鱼切成约5厘米长、2厘米宽的长条。

2 大葱、青辣椒斜切成片，洋葱切片、大蒜捣碎成蒜泥。

3 将酱油、韩式辣酱、白糖和蒜末调成酱汁。

4 炒锅烧热，放入橄榄油，放入大葱和洋葱翻炒。

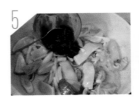

5 放入鱿鱼翻炒，倒入调好的酱汁翻炒均匀。

6 翻炒至酱汁收干，撒上熟芝麻和青辣椒即可出锅。

春天的味道里总少不了一抹香椿的清新，以香椿代替罗勒拌成绿酱，再佐以雪白清淡的豆腐，一道充满想象力的低卡高蛋白料理就做好了。

⏱ 时间 50分钟

🔥 难度 中

☀ 总热量 754千卡

"椿"天里
香椿绿酱拌豆腐

主料 嫩豆腐1块 ｜ 香椿50克 ｜ 松子仁20克
辅料 橄榄油2汤匙 ｜ 盐2茶匙

做法

1 豆腐切薄片，轻轻推压成覆瓦形，撒上1茶匙盐，静置30分钟。香椿洗净，择去老茎，切碎，加橄榄油和剩余盐拌匀，腌20分钟以上。

2 松子仁放锅中小火焙黄，取出放凉后压碎，放入香椿油酱中拌匀。豆腐沥去渗出的水，把松子香椿油酱均匀地铺在豆腐上即可。

烹饪秘籍
嫩豆腐含水量高，先用盐去水，同时有了底味。

嗞不住你的溏心蛋
酱油溏心蛋

主料 鸡蛋5个
辅料 酱油100毫升 ｜ 味酥60毫升
白糖1茶匙 ｜ 大蒜5瓣

做法

1 酱油、味酥、白糖和大蒜放入锅中，加入等量清水，大火煮开，关火放凉。

2 将鸡蛋放入开水锅中，中火煮8分钟，捞出，立马入冰水中冷却10分钟。

3 鸡蛋剥壳，放入煮好的酱汁中，放冰箱冷藏一天。取出，对半切开即可。

烹饪秘籍
若生鸡蛋是从冰箱取出来的，不要直接下锅煮，先放在室温下回温20分钟。

⏱ 时间 20分钟

🔥 难度 低

☀ 总热量 537千卡

总是因为水煮蛋那颗寡淡无味的蛋黄，而对它产生不了太多的好感。直到遇上溏心蛋，那软滑的蛋白微微带咸，里面却还是蛋黄液，嫩滑可口。不论搭配米饭还是面条，都能画龙点睛。

以醋米饭做底，换以不同的食材盖顶，在日本统称为寿司。而以炒肉末做馅，换不同的食材做"盛具"，就是我们的客家酿菜。头牌菜就是这道酿豆腐，肉的鲜香渗透到豆腐中，使得平淡的豆腐味道十足。一口一个真过瘾。

客家人来待客

煎酿豆腐

| | 时间
30分钟 | 难度
中 | 总热量
697千卡 |

主料 老豆腐400克 | 肉末150克

辅料 油1汤匙 | 盐1.5茶匙 | 生抽1茶匙
料酒1.5茶匙 | 姜末1茶匙 | 淀粉1茶匙
酱油1汤匙 | 白砂糖1茶匙 | 胡椒粉少许

食材	热量
老豆腐400克	348千卡
肉末150克	214千卡
油1汤匙	135千卡
合计	697千卡

做法

1 肉末加盐1/2茶匙、生抽、料酒1/2茶匙、姜末、淀粉、胡椒粉拌匀备用。

2 老豆腐1块，先切成大方块。再留出半厘米的边，挖出内膛，成为一个方形的盒子。

3 拌好的肉末酿进豆腐盒里。

4 锅内放油烧热，放进豆腐盒子，小火煎至底部微显焦黄。

5 加水没过豆腐盒一半，放酱油、盐、糖、料酒大火煮开。

6 转小火煨至肉熟、豆腐入味。

7 略微收干汤汁即可。

烹饪秘籍

挖出的小块豆腐用刀面压碎，包上纱布挤去水分，拌在用剩的肉馅当中，团成丸子，再压扁，小火煎熟，便成了豆腐肉饼。一菜两做，味道不同。

说到用勺子吃的菜，最有名的就数蒸蛋了吧！好久没体会大口吃菜乐趣的你，在蒸蛋面前千万不用顾忌形象，把减脂轻食的桎梏统统抛诸脑后，反正只是一碗水水嫩嫩的鸡蛋羹，怎么吃都不会胖！

进击吧，勺子君

花蛤蒸蛋

 时间 15分钟

 难度 低

总热量 274千卡

主料 花蛤15只 ｜ 鸡蛋2个

辅料 葱花适量 ｜ 香油1茶匙 ｜ 生抽2茶匙
盐适量

食材	热量
花蛤15只 ··················	90千卡
鸡蛋2个 ··················	139千卡
香油1茶匙 ··················	45千卡
合计 ··················	**274千卡**

做法

1 花蛤提前用淡盐水浸泡2~3小时，使其吐尽泥沙。

2 将浸泡过后的花蛤用刷子刷洗干净外壳。

3 锅中倒水烧开后下洗净的花蛤余烫至开口后捞出。

4 将开口的花蛤放入蒸盘中，保持开口向上。

5 鸡蛋打入碗中，加入适量盐打散；再加入与蛋液同等量的水搅打均匀。

6 将搅打好的蛋液倒入装花蛤的蒸盘中，蒙上保鲜膜，并将保鲜膜用牙签扎几个小孔。

7 将蒸盘放入冷水蒸锅中，大火蒸至水开后转中小火继续蒸10分钟左右。

8 最好滴上香油、撒上葱花即可。吃时可淋适量生抽提味。

烹饪秘籍

余烫花蛤时，花蛤开口时间不一致，所以开一个就要捞出一个，否则会煮得太老；蛋液和水的比例是1：1，比例上的小小偏差都会影响蒸蛋的最终效果。

CHAPTER 2 元气满满 优质蛋白

日剧里总有它低调的
小身影，作为煎蛋家族中特
殊的代表之一，它凭借自己独
特的外形和丰厚的内涵，成为大
家心中的"鸡蛋料理TOP 1"。
早餐清单里怎么能没有溢
满浓浓蛋香的厚蛋
烧呢。

元气满满
厚蛋烧

时间 20分钟 | 难度 低 | 总热量 239千卡

主料 鸡蛋3个

辅料 酱油1茶匙 | 白糖1/2茶匙 | 盐1/4茶匙
牛奶30毫升 | 食用油少许

食材	热量
鸡蛋3个	209千卡
白糖1/2茶匙	10千卡
牛奶30毫升	20千卡
合计	239千卡

做法

1 鸡蛋打散至碗中，搅拌均匀。

2 放入酱油、白糖、盐和牛奶，继续搅拌均匀。

烹饪秘籍

在煎厚蛋烧的时候，全场保持中小火，这样煎出来的厚蛋烧更加蓬松。

3 用滤网将蛋液过筛，保留光滑的蛋液。

4 厚蛋烧锅烧热，用刷子蘸一层油，薄涂一层。

5 舀出大约1/4的蛋液，放入锅中摊平。

6 小火煎至蛋液微微凝固，从远端向近端卷起。

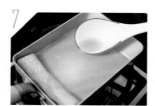

7 按照此方法，将剩余蛋液分次倒入锅中，重复3次左右。

8 煎好的厚蛋烧出锅后放凉，再切块食用即可。

总觉得自己做的蒸蛋口味不如日料店，那是没找到正确的打开方式。跟"蜂窝"说再见，这样做出来的茶碗蒸只有像布丁一样爽滑的口感。记得小火慢蒸哦。

如布丁般光滑水嫩

茶碗蒸

时间 20分钟 | 难度 低 | 总热量 103千卡

主料 鸡蛋1个 | 鲜香菇1个 | 虾仁2个

辅料 盐1/4茶匙 | 酱油1/4茶匙

烹饪秘籍

开始加热的时候要用中火，如果最开始用小火，蛋液很难凝结。

做法

1 鸡蛋打散至碗中，将筷子放置于碗底搅打，充分打散。

2 将打好的蛋液加入盐、酱油，搅拌均匀。

3 加入鸡蛋液3倍的清水，继续搅拌均匀。

4 搅拌好的蛋液过筛一遍，保留光滑的蛋液。

5 将蛋液装在小碗中，放在蒸锅上，盖上锅盖，中火烧开水，转小火蒸12~15分钟。

6 香菇洗净，去蒂，切片。

7 待蛋液凝固，摆上香菇片和虾仁，再蒸1分钟即可。

> 减脂人的餐桌上总少不了一些变身戏法，就像用豆腐代替肉类，用菜花取代米饭，那意面的替身就交给西葫芦吧！将西葫芦刨成意面的形状，味道相似还低碳水，怎么吃都不怕胖！

时间 15分钟	难度 低	总热量 387千卡

真真假假水波蛋意面

水波蛋西葫芦意面

主料	西葫芦2根 ｜ 鸡蛋2个 ｜ 熟虾仁50克
辅料	白醋1汤匙 橄榄油巴萨米克醋油醋汁2汤匙 见P12

做法

1. 将西葫芦刨成螺旋状的条（弃瓤），放入冰水中恢复清脆口感，控干水分。

2. 将鸡蛋打入小碗中。

3. 用一口较深的小锅烧一锅水，烧开后加入白醋。

4. 关火，用筷子在沸水中间搅出一个漩涡，将装鸡蛋的小碗贴着水面，把鸡蛋倒入漩涡处。

5. 将鸡蛋静置在水中3分钟，使其定形。开小火，煮约1分半钟，使蛋白凝固。用漏勺捞出，小心整理掉表面絮状蛋白。

6. 将西葫芦丝放入碗中，撒上熟虾仁，摆上水波蛋，淋上橄榄油巴萨米克醋油醋汁即可。

烹饪秘籍

1 西餐用的西葫芦也称为节瓜，比西葫芦细，心更小，非常适合做这种"意面，"常见的有黄色和深绿色两种，可以单独或混合使用。

2 虾仁可煮可煎，煮的热量较低，煎的口味较好。

狮子头的表弟

日式汉堡肉

时间
20分钟

难度
低

总热量
713千卡

相对于面包+肉排的
汉堡包，汉堡肉更加风靡
日本的大街小巷。这位"狮
子头"的亲戚，因为松软可
口、鲜嫩多汁而大受欢迎。
搭配番茄酱汁，口味
营养都翻倍。

| **主料** | 猪肉末100克 | 牛肉末150克 |
| | 洋葱100克 | 番茄1个 |

辅料	盐1/4茶匙	胡椒粉1/4茶匙
	黑胡椒碎适量	鸡蛋1个
	番茄酱2茶匙	面包糠适量
	橄榄油适量	

食材	热量
猪肉末100克	395千卡
牛肉末150克	170千卡
洋葱100克	40千卡
番茄1个	30千卡
鸡蛋1个	70千卡
番茄酱2茶匙	8千卡
合计	**713千卡**

烹饪秘籍

将肉馅混合揉搅上劲，这样做出的肉饼才鲜嫩多汁。

做法

1
洋葱去皮、切末；平底锅烧热，倒油，放入洋葱翻炒至变色，盛出备用。

2
番茄顶部划十字刀，放入沸水中煮1分钟，去皮，切小丁。

3
将牛肉末和猪肉末倒入大碗中，加入盐和胡椒粉搅拌均匀。

4
加入炒好的洋葱、面包糠，磕入鸡蛋，用手搅拌、揉捏至肉馅上劲。

5
手上沾一些水，将肉馅分成两份，团至圆饼形状。两只手交替拍打肉饼，排出空气。

6
平底锅烧热放油，放入肉饼，小火煎两三分钟。

7
翻面，盖上锅盖，再煎8分钟左右。

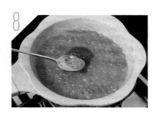

8
另取一锅，热锅冷油，放入番茄丁小火炒出汁至番茄融化，放入番茄酱和黑胡椒碎搅拌匀。

9
将熬好的番茄汁浇在肉饼上即可。

天冷了，想尝一口幸
福？那就煮碗热乎乎的土豆
脊骨汤。脊骨要熬很久，但即使
是等待的时间，也因为四溢的香气
而充满期待。怕胖不想吃肉，那
就喝一大碗汤，毕竟只有挨过
了这个瑟瑟发抖的季节，
才能迎来春天呀。

啃口脊骨，挨过一冬

土豆脊骨汤

时间 **120分钟** | 难度 **中** | 总热量 **1666千卡**

主料 猪脊骨500克 | 土豆2个 | 紫苏叶5片
大葱1/2根 | 大蒜2瓣

辅料 盐1茶匙 | 韩国大酱1汤匙 | 辣椒粉2茶匙

食材	热量
猪脊骨500克	1390千卡
土豆2个	243千卡
韩国大酱1汤匙	33千卡
合计	**1666千卡**

做法

1 脊骨放入清水中浸泡1小时，泡出血水，洗净。

2 土豆去皮，切滚刀块；大葱切段、大蒜切片。

3 脊骨放入锅中，加水没过食材，放入葱段和蒜片大火煮开。

4 撇去浮沫，转小火煮1.5小时。

5 放入土豆、韩国大酱和辣椒粉煮开。

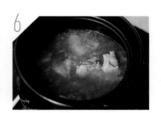

6 转小火继续煮30分钟。

7 待土豆柔软后，加盐调味，放上紫苏叶，关火即可。

烹饪秘籍

这道料理的秘诀就在于一定要先耐心地将脊骨熬成浓汤，再加入土豆及其他调味料。

对爱喝汤的人来说，一顿饭可以没有荤，可以没有素，却不能没有一碗汤，甚至可以只是一碗汤。水嫩嫩的豌豆尖，搭配自制的猪肉丸，香鲜美味。豌豆尖还能修复晒伤的肌肤，使肌肤清爽不油腻。

时间 **30**分钟

难度 **中**

总热量 **241**千卡

碧玉减脂汤

豌豆尖丸子汤

主料　猪腿肉100克　｜　豌豆尖100克

辅料　盐1茶匙　｜　料酒1汤匙
生抽1茶匙　｜　胡椒粉少许　｜　姜末1茶匙

做法

1　猪腿肉洗净，剁成肉糜，加生抽、姜末、料酒、胡椒粉、少许盐拌匀，腌10分钟。豌豆尖只取嫩头，择洗干净，沥干。

2　烧开500毫升水，转小火保持微沸，腌好的肉糜做成大小合适的丸子，放入锅中煮开，撇去浮沫。放盐调味，下豌豆尖烫软即可出锅。

烹饪秘籍

剁出的肉做成的丸子比绞肉做的丸子更松嫩好吃，如果嫌麻烦，也可用绞肉。

爆红夏日限定汤

苋菜银鱼汤

主料　银鱼100克

辅料　苋菜60克（切碎）　｜　姜末2克
橄榄油2汤匙　｜　料酒3汤匙
水淀粉15毫升　｜　胡椒粉、香油各1/2茶匙
香菜1根（切碎）　｜　盐适量

做法

1　银鱼处理净，用厨房纸吸干水分。锅中倒油烧热，爆香姜末，下入银鱼大火翻炒至微黄。

2　倒入适量清水和料酒，撒入胡椒粉搅匀，大火煮开后转小火，熬煮10分钟。倒入水淀粉搅匀，加入苋菜碎拌匀。撒入适量盐和香菜碎，淋入香油调味。

烹饪秘籍

也可用干银鱼，但需要提前用清水浸泡，去除部分咸味。

时间 **25**分钟

难度 **低**

总热量 **393**千卡

上海小囡的记忆中，每到夏日，餐桌上都会出现一种汤汁艳丽的鲜美蔬菜——红苋菜。不仅味道鲜美，更有排毒、补血的功效，减脂餐桌上的夏日必选，过季不候哦！

碧绿的小白菜，细嫩的龙利鱼，烩成一锅清鲜碧玉的海鲜羹，颜值和热量成反比，自然鲜美无压力，日常、待客皆有一套。

时间	难度	总热量
35分钟	低	551千卡

白玉点翠

翡翠鱼丁羹

主料	龙利鱼200克	小白菜35克	
辅料	鸡蛋1个	白玉菇20克	豆腐40克
	姜末2克	淀粉5克	胡椒粉1/2茶匙
	橄榄油2汤匙	料酒2汤匙	盐适量

做法

1 龙利鱼洗净，用厨房纸吸干水分，切成2厘米见方的块，加胡椒粉和适量盐腌制20分钟。

2 小白菜洗净、切碎；白玉菇洗净；豆腐洗净，切成2厘米见方的块。

3 鸡蛋取蛋清留用，打散；淀粉加适量清水调成水淀粉。

4 锅中倒入橄榄油，烧热后爆香姜末，随后下入白玉菇炒软，再加入豆腐，倒入适量清水。

5 大火煮开后滑入龙利鱼块，倒入料酒，中火熬煮5分钟。

6 再放入小白菜碎和水淀粉搅匀，熬煮2分钟，均匀淋入鸡蛋清，撒盐调味即可。

烹饪秘籍

1 鸡蛋黄可留作他用。

2 大火煮开后可以继续熬煮至汤汁发白，再滑入龙利鱼，煮出来的汤色泽更靓丽。

番茄、豆腐都是减脂食谱中的常客，豆腐嫩滑低脂，番茄酸甜营养，搭配起来不仅清爽开胃，更是厨房小白也能轻松搞定的零失误菜，快来交作业吧。

厨房小白必修菜

番茄豆腐羹

时间 **30分钟**

难度 **低**

总热量 **820千卡**

主料 番茄2个 ┃ 嫩豆腐1盒

辅料 鸡蛋1个 ┃ 香葱1根 ┃ 淀粉1/2茶匙
香油1茶匙 ┃ 植物油3汤匙 ┃ 胡椒粉1克 ┃ 盐适量

食材	热量
番茄2个	30千卡
嫩豆腐1盒	348千卡
鸡蛋1个	70千卡
植物油3汤匙	372千卡
合计	820千卡

做法

1

番茄洗净，在顶部划十字，用开水浇烫一下剥皮，切成丁。

2

嫩豆腐从盒中取出，切成1厘米见方的块。

3

鸡蛋磕入碗中，顺时针打散成鸡蛋液。

4

香葱去根洗净，葱白葱绿分开，分别切碎。

5

淀粉中加入适量清水，调成水淀粉。

6

锅中倒入植物油，烧至七成热时，放入葱白碎爆香，下入番茄丁中火翻炒5分钟，中间用铲子按压几次。

7
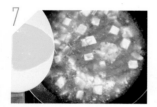
倒入嫩豆腐丁，中火继续翻炒3分钟，加入适量清水，大火煮开后转中小火熬煮5分钟，将鸡蛋液缓慢倒入锅中，待蛋花成形。

8

随后向锅内加入胡椒粉、适量盐，倒入香油和水淀粉，搅拌均匀后关火，盛出撒入葱绿碎点缀即可。

烹饪秘籍

炒番茄时，待番茄汤汁多一些再放入嫩豆腐，这样汤的味道更浓郁。

虾和豆腐的结合，就是双倍的钙和双倍的优质蛋白质。鲜香的虾肉，细腻嫩滑的豆腐，用芡汁将它们融合，这道软滑鲜香的汤羹一下子就抓住了我的胃，分一杯羹？休想。

"钙"帮大会

虾仁豆腐羹

⏱ 时间 **10分钟**　　🔥 难度 **低**　　☀ 总热量 **650千卡**

主料　鲜虾20只　|　嫩豆腐150克

辅料　香葱2根　|　淀粉1汤匙　|　白胡椒粉1/2茶匙
料酒1茶匙　|　味精1/2茶匙　|　盐适量　|　油少许

食材	热量
鲜虾20只	465千卡
嫩豆腐150克	131千卡
淀粉1汤匙	54千卡
合计	**650千卡**

做法

1 鲜虾清洗干净，剥壳、去虾线待用。

2 嫩豆腐洗净，切小方块待用；香葱洗净，切葱粒。

3 淀粉加适量清水调成芡汁待用。

4 锅中入少许油，下虾仁滑至变色盛出待用。

5 锅中直接加入适量清水烧开，下入切好的豆腐块煮至开锅。

6 开锅后继续煮2~3分钟，然后下入滑好的虾仁。

7 加白胡椒粉、料酒、味精、盐调味。

8 最后倒入调好的芡汁勾薄芡，撒上葱粒即可。

烹饪秘籍

勾芡时不宜太厚，薄薄的一层芡汁让汤羹有些微浓稠感就刚刚好了。

说到桂花羹，自然反应都是餐后甜点，可这却是道"咸点"，龙利鱼的爽滑鲜美，配上莲藕的脆爽，入口瞬间，桂花香脱颖而出，口味变得妙不可言。大胆的你如果把盐改成糖，说不定还能开启另一个世界。

藕断丝连

莲藕桂花鱼蓉羹

时间
40分钟

难度
低

总热量
221千卡

主料 龙利鱼250克 | 莲藕100克 | 干桂花3克

辅料 淀粉3克 | 柠檬半个 | 姜2克
料酒1/2茶匙 | 现磨黑胡椒粉2克 | 盐适量

食材	热量
龙利鱼250克	166千卡
莲藕100克	47千卡
柠檬半个	8千卡
合计	**221千卡**

做法

1 龙利鱼洗净，用厨房纸擦干水分，挤入柠檬汁，涂抹少许盐，均匀磨入黑胡椒粉，腌制10分钟。

2 腌好的龙利鱼放入蒸锅中，大火蒸7分钟，蒸好后捣成鱼蓉。

3 莲藕去皮、洗净，切成1厘米见方的块，浸泡在清水中。

4 姜去皮、切末；淀粉加适量清水调成水淀粉。

5 砂锅中放入莲藕，加适量清水，大火煮开后转中小火熬煮10分钟。

6 随后均匀滑入龙利鱼蓉，放入姜末和干桂花，倒入料酒，淋入水淀粉，中火熬煮3分钟。

7 出锅前加入适量盐调味即可。

烹饪秘籍

莲藕去皮、切块后放入清水中浸泡，去除部分淀粉，煮出来的汤更清润。

千丝万缕海鲜羹
中式海鲜羹

时间 **10分钟**　难度 **低**　总热量 **72千卡**

虾仁、海带、滑菇，光提到这几样食材，嘴里仿佛都能感受到那份"鲜"了。海带中还含有岩藻多糖，不仅能改善胃肠道功能，还能提高免疫力，预防肿瘤。

主料 虾仁50克 ｜ 海带丝30克 ｜ 滑菇50克

辅料 盐1/2茶匙 ｜ 玉米淀粉1茶匙
大葱30克 ｜ 油适量

做法

1 大葱切丝；蘑菇去蒂，切片。

2 炒锅放油，放入葱丝翻炒。

3 加入虾仁、海带丝和滑菇翻炒。

4 加水没过食材，小火煮沸。

5 淀粉加水调成水淀粉。

6 将水淀粉倒入汤中，煮至汤汁浓稠。

7 加盐调味即可。

烹饪秘籍

海带本身就有咸味，熬汤时会跟虾仁的鲜美相结合，因此除了一点盐外，不需要其他调味品。

3

CHAPTER

健康轻食
料理一餐

如果外面烈日炎炎，如果你刚开始一段节食，如果你拥有超强毅力，如果你正为上一餐的放纵悔恨，那么这道透心凉、低热量、不含糖的薄荷酸奶沙拉，一定适合你！

时间 **15分钟**

难度 **低**

总热量 **161千卡**

酸奶也要透心凉

黄瓜薄荷酸奶沙拉

主料 黄瓜400克 ｜ 新鲜薄荷叶30克
希腊酸奶1杯（125毫升）

辅料 流质蜂蜜1茶匙 ｜ 海盐1克
黑胡椒碎少许

做法

1 黄瓜切成厚片，装入大盘中。希腊酸奶稍微搅匀，淋在黄瓜上。薄荷叶择洗干净，粗略切碎，撒在酸奶上。

2 淋上流质蜂蜜，撒上海盐和黑胡椒碎，吃前略微搅拌即可。

烹饪秘籍

如果没有希腊酸奶，可以用普通酸奶代替。尽量选择无糖酸奶，如果酸奶糖分充足，流质蜂蜜可以省略。

万能公式轻食沙拉

辣味番茄黄瓜蟹肉沙拉

主料 樱桃番茄10粒（切半） ｜ 综合生菜50克
水果黄瓜2根（切块） ｜ 熟蟹肉100克

辅料 泰式甜辣酱1茶匙
柑橘油醋汁1汤匙 见P12

做法

1 将辅料在小碗中混匀成沙拉汁。

2 在大碗中放入樱桃番茄、黄瓜、综合生菜、沙拉汁混匀。连同汤汁一起装盘，撒上熟蟹肉即可。

烹饪秘籍

1 添加一些奶油奶酪或者牛油果，风味更佳。
2 蟹肉可以选择蟹肉罐头或者新鲜海蟹拆肉。

时间 **15分钟**

难度 **低**

总热量 **200千卡**

沙拉是非常具有包容性的料理，不止低脂低卡，还能吃饱不焦虑！以生菜打底，番茄调剂单调色彩，黄瓜增添清脆口感，蟹肉带来优质蛋白质，想吃饱些还可以加一份藜麦，最后以甜辣酱带来一丝热带风情，沙拉的万能公式学会了吗？

一百天不重样
综合谷物麦片水果沙拉杯

时间 **15分钟** ｜ 难度 **低** ｜ 总热量 **807千卡**

说到健康早餐，脑海里第一个浮现的一定是谷物，先不提谷物本身的千变万化，仅仅搭配各类水果、酸奶、坚果，都足够一百天不带重样！今天你的心情是什么颜色？就用你的早餐谷物杯告诉我！

主料　红心火龙果1/2个　｜　猕猴桃1个
　　　　芒果肉100克　｜　谷物麦片100克

辅料　酸奶（稠厚）200毫升

做法

1 将红心火龙果去皮，切成适合入口的小块。

2 将猕猴桃去皮，切成适合入口的小块。

3 芒果肉切成适合入口的小块。

4 将红心火龙果铺入杯底。

5 放上一层酸奶。

6 撒上一层谷物麦片。

7 再按照芒果、酸奶、谷物、猕猴桃、酸奶、谷物的顺序铺好即可。

烹饪秘籍

1 可依个人喜好选择水果品种，如蓝莓、草莓、树莓、杨桃、杏子、桃子等。

2 建议选用稠厚的希腊酸奶，或者老酸奶，不建议选用质地稀薄的酸奶或者乳酸菌饮料。

寒冷的冬日里，比拥有车厘子自由更让人快乐的事，或许就是同时拥有车厘子和草莓自由了。把草莓、车厘子、开心果同时拌入酸奶中大快朵颐，这种不会胖的吃法，你学会了吗？

时间
15分钟

难度
低

总热量
372千卡

冬日限定款沙拉

蜂蜜开心果车厘子沙拉

主料	车厘子100克	草莓100克
	开心果仁30克	

辅料	全脂酸奶1杯（125毫升）	流质蜂蜜适量

做法

1 烤箱预热160℃。将开心果仁放在烤盘上，烘烤6分钟，取出放凉。

2 车厘子洗净，一切为二，去核备用。草莓洗净，一切为二。

3 在盘中放入酸奶打底，摆上车厘子、草莓、开心果仁，淋上蜂蜜即可。

烹饪秘籍

最好选择无糖的稠厚全脂酸奶。根据酸奶中的糖分调整蜂蜜用量。

解暑三美沙拉

百合莲子甜豆沙拉

主料	新鲜百合1个	泡发莲子50克
	甜豆200克	

辅料	基础油醋汁1汤匙 见P11	蜂蜜1茶匙
	盐少许	

做法

1 泡发莲子入锅煮熟，沥干。百合掰成小片，洗净。甜豆处理净，入加了少许盐的开水锅中烫熟，沥干。

2 在大碗中放入基础油醋汁和蜂蜜调匀，加入莲子和甜豆拌匀，装盘，撒上百合。

烹饪秘籍

甜豆也可以用荷兰豆代替，但一定要确保豆类烹煮至完全熟透。

时间
20分钟

难度
低

总热量
364千卡

下面有请解暑三美：1号选手百合，清润降火；2号选手莲子，养心安神；3号选手甜豆，碧绿爽脆。三个合在一起，一道无敌清新、香甜鲜嫩的沙拉就做好了。

祛湿很有一套的薏米，除了水煮还有什么新玩法？将口感粒粒分明的薏米，浸润在柑橘风味的沙拉汁中，搭配各式绿色蔬菜，不仅颜值高，更可代替主食，饱腹感更强、热量也更低。

时间	难度	总热量
45分钟	低	307千卡

绿"薏"盎然

绿蔬薏米沙拉碗

主料	薏米50克	荷兰豆6个
	芦笋3根	西蓝花100克
辅料	柑橘油醋汁1汤匙 见P12	盐少许

做法

1 将薏米提前一天浸泡，洗净。

2 用电饭煲将薏米煮熟（需要多加一些水）。

3 芦笋削去老皮，洗净，切成段。

4 西蓝花洗净，切成小朵；荷兰豆择洗干净。

5 烧滚一锅水，加入少许盐，放入芦笋、荷兰豆、西蓝花烫熟，取出控水。

6 在碗中放入薏米打底，摆上芦笋、西蓝花、荷兰豆，淋上柑橘油醋汁即可。

烹饪秘籍

1 可以用大麦、糙米、燕麦仁代替薏米。

2 薏米性寒凉，可以使用炒过的薏米，且炒过的薏米除湿的效果更好。

每次在市场看到孢子甘蓝都会忍不住买一包，小小萌萌的它，光是看着就好喜欢！孢子甘蓝低热量、高营养，却很难入味，所以以煎代煮，搭配烟熏香肠，咸鲜搭配更衬香甜。

时间 **15分钟**　难度 **低**　总热量 **438千卡**

圈圈圆圆圈圈

烟熏香肠洋葱孢子甘蓝沙拉

主料　即食烟熏香肠2根（约80克）
孢子甘蓝200克　│　白洋葱1/2个

辅料　橄榄油巴萨米克醋油醋汁1汤匙　见P12
植物油适量　│　盐适量　│　黑胡椒碎适量

烹饪秘籍

1 如果没有烟熏香肠，选择任意一种即食香肠都能搭配出很好的味道。

2 孢子甘蓝较硬，要多煮一些时间才能使口感柔软。如果不使用孢子甘蓝，可以用撕成小块的紫甘蓝代替。

做法

1 孢子甘蓝洗净，一切为二，洋葱切成小方片。

2 锅烧热，加入少许植物油，调中火，放入孢子甘蓝和洋葱片煎熟，用盐和黑胡椒碎调味。

3 烟熏香肠切成2厘米长的段。

4 将孢子甘蓝、洋葱、烟熏香肠放入盘中，淋入油醋汁即可。

总觉得蔬菜沙拉吃不饱，过一会儿就又饿了？不如试试这道极具意大利特色的沙拉，干燥的法棍面包饱吸了油醋汁和番茄的汁水，变得柔软多汁。搭配富含多种维生素的番茄和甜椒，健康轻食又饱腹。

吃得饱的瘦身沙拉

托斯卡纳面包沙拉

时间 20分钟	难度 低	总热量 737千卡

主料 恰巴塔面包1个 ｜ 黄甜椒1个 ｜ 番茄8颗
橄榄8粒 ｜ 水瓜柳8粒 ｜ 罗勒叶5克

辅料 蒜末1茶匙 ｜ 黑胡椒碎少许
橄榄油巴萨米克醋油醋汁2汤匙 见P12

烹饪秘籍

1 没有黄甜椒可以用红甜椒或者青甜椒代替。

2 用法棍等欧式面包代替恰巴塔面包也可以，但请不要使用质地过于柔软的吐司。

3 水瓜柳也叫刺山柑花蕾，是一种地中海地区常见的沙拉配料，酸咸而鲜，没有可省略。

做法

黄甜椒放在火上烧至表皮焦黑（烧得不均匀很难撕下皮），洗净。

将处理好的黄甜椒去皮，切成粗条。

番茄去皮，切成块，用手稍稍挤出汁（汁留用）。

将恰巴塔面包切成适口的块。

将全部材料一同放入大碗中混匀，覆上保鲜膜，冷藏1小时使风味充分融合。

待面包充分吸收汤汁，即可装盘。

橙香蔬菜叠叠乐

橙香蛋黄酱蔬菜塔

时间
30分钟

难度
低

总热量
380千卡

主料 大土豆1个 ｜ 迷你胡萝卜4根 ｜ 芦笋4根
秋葵4个 ｜ 综合沙拉20克

辅料 橙子果酱2茶匙 ｜ 蛋黄酱2茶匙 ｜ 盐1茶匙
油适量

食材	热量
大土豆1个……………………	162千卡
迷你胡萝卜4根 …………	78千卡
芦笋4根…………………	23千卡
秋葵4个…………………	20千卡
综合沙拉20克…………	3千卡
橙子果酱2茶匙…………	24千卡
蛋黄酱2茶匙…………	70千卡
合计	380千卡

烹饪秘籍

可以使用市售的薯片代替炸土豆片。或者使用更为健康的综合蔬菜片。

做法

1

土豆削皮，整个切成极薄的大片，在清水中反复冲洗掉表层淀粉，用厨房纸巾吸干表面水分。

2

烧一锅油至160℃，放入土豆片炸脆，至颜色金黄，捞出控油。

3

将迷你胡萝卜和芦笋分别用削皮刀削去表皮，切去不可食的部分。

4

烧开一锅水，放入1茶匙盐，放入秋葵、迷你胡萝卜、芦笋烫熟，捞出控干水分。

5

将芦笋、迷你胡萝卜、秋葵分别斜切成1厘米厚的片，混合均匀。

6

将蛋黄酱和橙子果酱混合，制成橙香蛋黄酱。

7

将炸好的土豆片摆在盘底，放上步骤5中混合好的蔬菜，多堆几层达到理想的高度，淋上橙香蛋黄酱，再放上一片土豆片。

8

四周点缀上综合沙拉，淋上少许橙香蛋黄酱即可。

收获美味大概需要多长时间？可能是一夜。"一夜渍"这个叫法源于日本，不需要像泡菜那样精心养护，只需要一晚上，脱掉部分水分之后的蔬菜变得更加清脆爽口，对比其他腌渍菜品还更加新鲜健康。

万物皆可一夜渍

日式一夜渍蔬菜沙拉

 时间 20分钟　难度 低　总热量 198千卡

主料　水果黄瓜100克　｜　圆白菜100克
　　　　杭茄100克　｜　萝卜100克　｜　胡萝卜100克

辅料　海盐1茶匙　｜　细砂糖20克
　　　　谷物醋30毫升　｜　干辣椒1个
　　　　昆布1小片　｜　柠檬3片

烹饪秘籍

1　蔬菜种类可以根据季节和喜好自行搭配。
2　装盘后淋上少许香油风味更佳。
3　海盐用量为所有蔬菜重量的1.5%~2%，如果使用精制盐请适度减少用量。

做法

1
将除柠檬外的辅料入小锅中，小火慢慢煮化砂糖，即可关火，放凉制成腌渍汁。

2
水果黄瓜、胡萝卜、杭茄、萝卜洗净，分别一切为二，切成2毫米左右的片。

3
圆白菜洗净，手撕成适口大小的片。

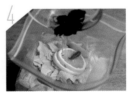
4
将所有蔬菜装入密封袋里，放入煮好的腌渍汁和柠檬片，充分揉搓均匀，排掉袋内空气，密封。冰箱冷藏静置1夜。

5
将蔬菜取出，轻轻挤干水分，取出柠檬片和昆布不用，装盘即可。

谁说沙拉一定是一盘？也可以是一颗。用煮鸡蛋做盅，将金枪鱼捣碎和其他食材一同搅拌放入，最简单的处理，却是满满能量和优质蛋白质的组合。一天能量的支援靠它准没错。

一颗沙拉能量蛋

金枪鱼鸡蛋盅沙拉

时间
20分钟

难度
低

总热量
475千卡

主料 金枪鱼罐头100克 ┃ 鸡蛋1个

辅料 圣女果2个 ┃ 熟玉米粒10克
熟青豆10克 ┃ 白洋葱10克
千岛酱2汤匙 ┃ 沙拉酱1汤匙
欧芹叶少许

烹饪秘籍

鸡蛋从冷水下锅至出锅5分钟即可，这时的鸡蛋黄凝固，口感最嫩，做沙拉最适合。

做法

1 鸡蛋放入冷水中，开大火煮熟，剥去壳，一切两半，挖出鸡蛋黄捣碎，蛋白做盅。

2 圣女果洗净、切碎；白洋葱去皮、切碎；罐头金枪鱼捣碎。

3 将蛋白圆形那头的底部切平，站着放在盘中。

4 将金枪鱼碎、鸡蛋黄、圣女果碎、白洋葱碎、熟玉米粒、熟青豆粒混合，加入千岛酱拌匀，取适量放在鸡蛋盅内。

5

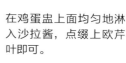

在鸡蛋盅上面均匀地淋入沙拉酱，点缀上欧芹叶即可。

115

有了金枪鱼的加持，沙拉吃起来突然就没有了"吃草"的感觉。金枪鱼低脂低热量，还含有优质蛋白质，选择水浸的金枪鱼，比油浸的更加鲜美清爽无压力。

时间 **20分钟** | 难度 **低** | 总热量 **435千卡**

沙拉海之味
日式金枪鱼沙拉

主料	水浸金枪鱼罐头1罐（净重约150克） 黄瓜1根（约120克）｜胡萝卜1根（约120克）｜玉米1根（约140克）
辅料	低脂沙拉酱25毫升 ｜ 洋葱粒50克 苦苣30克

做法

1
水浸金枪鱼罐头沥掉多余水分，取出鱼肉放入碗中，用勺子捣碎。

2
黄瓜洗净，去头尾，切成2厘米长的细丝；胡萝卜洗净，去皮后切成黄瓜丝一样的细丝。

3
苦苣洗净，去除老叶和根部，撕开后掰成小块。

4
将玉米粒剥下，放入沸水中汆烫3分钟后捞出沥干。

5
将以上所有处理好的材料放入沙拉碗中。

6
加入洋葱粒，搅拌均匀，淋上低脂沙拉酱即可。

烹饪秘籍

黄瓜是容易出水的食材，放久了会有水分析出，所以这道沙拉做好之后应该尽快食用。

梅森杯里看到彩虹

鹰嘴豆鲷鱼罐沙拉

时间
30分钟

难度
低

总热量
633千卡

主料 鲷鱼肉100克 ｜ 鹰嘴豆25克

辅料 熟玉米粒20克 ｜ 圣女果6颗
牛油果半个 ｜ 即食燕麦片10克
紫甘蓝20克 ｜ 寿司酱油2汤匙
寿司醋2汤匙 ｜ 白糖1/2茶匙
柠檬半个 ｜ 生抽2汤匙
料酒2汤匙 ｜ 胡椒粉1/2茶匙
橄榄油2汤匙 ｜ 盐适量

> 晶莹剔透的梅森杯有谁不爱？各种食材一层一层放入其中，不仅方便存放，烹饪起来也格外方便。透过梅森杯，你不仅能看到彩虹般的美丽食材，还有更健康、更美丽的自己。

做法

1 鲷鱼肉洗净，切块，加生抽、料酒、胡椒粉、盐抓匀，腌20分钟。

2 鹰嘴豆洗净，放入开水中煮熟，捞出沥干水分。

3 牛油果去核、去壳，切块；紫甘蓝洗净、切丝；圣女果洗净，切两半。

4 平底锅中倒入橄榄油，烧至五成热时，放入鲷鱼肉炒熟，盛出。

5 将寿司酱油、寿司醋、白糖混合，挤入柠檬汁，调成料汁。

6 取罐装玻璃瓶，从瓶底至瓶口依次放入熟玉米粒、圣女果瓣、鹰嘴豆、牛油果块、即食燕麦片、鲷鱼肉块、紫甘蓝丝，再浇入料汁即可。

烹饪秘籍
将鲷鱼肉炒熟、鹰嘴豆煮熟，分别凉凉后再放入瓶罐中，可以延长存放的时间，也不会影响蔬菜清脆的口感。

南瓜低卡、低碳水、高膳食纤维，不易长胖又能饱腹，还有调节胰岛素平衡的作用。唯一的毛病就是蛋白质含量低，正好用鸡胸肉来弥补。划重点：普通南瓜比贝贝南瓜热量更低哦。

南瓜大丰收

南瓜泥鸡胸肉沙拉

时间
35分钟

难度
中

总热量
475千卡

主料 南瓜300克 ｜ 鸡胸肉1块（约300克）
葡萄干1汤匙（约15克）

辅料 盐少许 ｜ 料酒1汤匙 ｜ 现磨黑胡椒少许
苦菊叶少许

食材	热量
南瓜300克	69千卡
鸡胸300克	354千卡
葡萄干15克	52千卡
合计	**475千卡**

做法

1 南瓜去皮、去子，切成小块后上锅蒸熟。

2 南瓜蒸熟后取出，用勺子压成南瓜泥。

3 葡萄干用温水洗净泡软，择去顶部的小蒂后切成小粒。

4 将葡萄干与南瓜泥拌匀，在盘中堆成圆柱形。

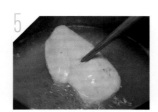

5 鸡胸肉冷水入锅，加入少许盐和料酒煮熟，至用筷子可以轻易插穿，且没有血水流出就可以了。

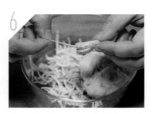

6 煮好的鸡胸放入冷水中，待凉后捞出，沥干，撕成均匀的鸡丝。

7 苦菊叶洗净，撕成小片。

8 将鸡丝和苦菊叶放于南瓜泥上，撒上少许现磨黑胡椒即可。

烹饪秘籍

制作南瓜泥时不需要搅打得特别顺滑，用勺子压制南瓜泥可以保留一些颗粒感，这样不仅口感更丰富，南瓜的膳食纤维也更完整。

吃过宫保虾球吗？不会胖的那种。经典川菜变身清爽沙拉，保留传统配方的同时，把爆炒改为热量更低的煎，随心搭配各种蔬菜，最后浇上宫保调味汁。把一只只大虾送入嘴中，绝对超满足！

宫保虾球玩跨界

宫保风味虾球沙拉

🕐 时间 25分钟	🔥 难度 低	☀ 总热量 879千卡

主料 鲜虾20只 | 杏鲍菇200克 | 水果黄瓜2根
油炸花生米1汤匙

辅料 陈醋20毫升 | 白砂糖25克
盐、黑胡椒碎各1/2茶匙 | 生抽1茶匙
料酒1茶匙 | 香油2茶匙 | 植物油1汤匙
蒜片3片 | 干红辣椒段2茶匙 | 干花椒5粒

食材	热量
鲜虾20只	465千卡
杏鲍菇200克	70千卡
水果黄瓜2根	32千卡
油炸花生米1汤匙	88千卡
白砂糖25克	100千卡
植物油1汤匙	124千卡
合计	879千卡

做法

1 将虾去头、去壳，保留尾巴。从背部划一刀，取出虾线，洗干净。

2 将虾仁放入碗中，加入盐和黑胡椒碎腌10分钟。

3 杏鲍菇切成2厘米见方的粒。黄瓜切成1厘米见方的粒。

4 将陈醋、白砂糖、生抽、料酒、香油混合成酱汁。

5 在小锅中放入植物油，加入蒜片炸变色，放入干花椒和干红辣椒段，立刻关火。加入调好的酱汁，开小火煮开，关火。放凉即成宫保风味沙拉汁。

6 平底锅烧热，加入适量植物油，放入虾仁煎熟，取出。再放入杏鲍菇粒，翻炒至熟，取出略微放凉。

7 将黄瓜、杏鲍菇、虾仁、油炸花生米放入盘中，淋上熬好的宫保风味沙拉汁即可。

烹饪秘籍

虾仁也可以用鸡肉代替，或者只使用杏鲍菇做出素沙拉。

拯救鸡胸肉的101种做法中，一定要加上这道"升级版"棒棒鸡。迷人的辣椒油洒在鸡丝、豇豆之上，瞬间唤醒了被减脂餐压抑的味觉。组合方式还有很多，各种蔬菜都可以用这一味调味汁来解救！

拯救鸡胸肉的101个办法

鸡丝拌豇豆

主料　鸡胸肉1块　|　豇豆200克

辅料　盐3克　|　生抽1茶匙　|　辣椒油1茶匙
　　　　花椒粉1/2茶匙　|　油1茶匙　|　姜2片　|　料酒1汤匙

食材	热量
鸡胸肉1块	142千卡
豇豆200克	64千卡
辣椒油1茶匙	45千卡
油1茶匙	45千卡
合计	296千卡

烹饪秘籍

1　鸡胸肉煮熟后可留在煮鸡的汤里，等自然冷却后再取出撕成丝，这样的鸡肉不柴不干，水分更多，口感更嫩。

2　豇豆不可久煮，熟后尽快捞出过凉，可以固色，口感更好。

3　豇豆先用盐抓匀，更有味道。鸡丝质地较松，生抽拌即可。

做法

1　鸡胸肉洗净，平刀横切成两片。

2　放入清水锅中，加2片姜、1汤匙料酒煮熟。

3　取出放凉，撕成粗丝。

4　豇豆切去两端，洗净，切段。

5　另取一锅煮开半锅水，放豇豆段煮熟。

6　捞出过凉水，沥干，放3克盐抓匀入底味。

7　豇豆段和鸡丝放盘中。

8　加生抽、辣椒油、花椒粉、油拌匀即可。

还有比小葱拌豆腐更清爽又养人的快手凉拌菜吗？水嫩豆腐富含优质蛋白质与大豆异黄酮，对美容和健康都有益处，你想成为豆腐西施吗？

时间
20分钟

难度
低

总热量
210千卡

西施凉拌豆腐

虾皮小葱拌豆腐

主料 内酯豆腐1块 | 虾皮5克
青椒1/2个 | 小葱2根

辅料 酱油1茶匙 | 香油几滴

做法

1 小葱、青椒洗净，切末。将小葱和青椒放碗中，加入虾皮、酱油搅拌均匀。

2 内酯豆腐切小块，均匀摆放在盘中。将虾皮小葱放在豆腐上。淋上几滴香油即可。

烹饪秘籍

因为虾皮本身就有咸味，所以在酱料的选择上只需放一点生抽提鲜即可。

唤醒你的一天

桃仁拌萝卜苗

主料 萝卜苗100克 | 核桃仁50克

辅料 盐少许 | 油少许

做法

1 核桃仁挑去瘪的、变质的，用清水洗净，微微烘干，达到脆度即可。

2 萝卜苗择去须根、黄叶、黑瓣，用纯净水洗净，沥干。加少许盐和油拌匀。放核桃仁拌匀即可。

烹饪秘籍

萝卜苗可换成香椿苗、茵陈苗等芽苗菜。

时间
20分钟

难度
低

总热量
191千卡

春困、秋乏、夏打盹……一年中到底有多少个睡不够的日子？除了用一场运动唤醒一天，生吃萝卜苗也有提神妙用。萝卜苗清香，核桃仁脆生，简单一拌，抵多少瞌睡虫作怪。

在粤菜里总喜欢把虾蓉称作百花，鲜嫩脆爽的虾滑被秋葵紧紧包围。煎过后的秋葵一改之前生涩的口感，变得鲜香四溢。秋葵中的黏液不再突出，而是与虾滑完美融合，那可是能帮助消化、保护肝脏、健胃整肠的宝贝呢。

有内涵的秋葵

煎酿百花秋葵

⏱ 时间 **50分钟** | 🔥 难度 **高** | ☀ 总热量 **280千卡**

主料 秋葵五六根 | 虾滑1袋

辅料 油1汤匙 | 生抽1汤匙 | 淀粉少许 盐少许

烹饪秘籍

1 虾滑超市有售，没有可用新鲜虾仁制作：虾仁拍成蓉，加猪肥膘肉剁成胶状，加盐、鸡蛋清、胡椒粉、少许淀粉调味，即成"百花胶"。

2 虾滑上拍上了淀粉，收汁阶段不必再用水淀粉勾芡。

3 虾滑和秋葵都易熟，不可久煮，久则秋葵变黄，色泽暗淡。

做法

秋葵去蒂，用盐搓去果荚上的茸毛，洗净。

对半剖开，荚内撒上少许淀粉。

虾滑剪开袋角，挤在荚内，拍上少许淀粉，按实、按平。

平底不粘锅烧热油，放酿好的秋葵，虾滑面朝下，慢火煎香。

翻面再煎，煎至七八成熟，加适量清水和生抽。

小火烧至汤汁收干，取出，排在盘内。

蔬菜界的"钙中钙"
荠菜，含钙量可是牛奶的
三倍，却因为是野菜，口感上
略显粗糙而导致有些人吃不习
惯。将荠菜切碎包入春卷中，
外酥里嫩，咬上一口，都
是春天的味道。

一口咬春

荠菜春卷

| | 时间 50分钟 | 难度 中 | 总热量 818千卡 |

主料 春卷皮10张 | 荠菜300克 | 冬笋1个
五香豆腐干3块

辅料 盐1茶匙 | 米醋1汤匙 | 油500毫升（实耗30毫升）

食材	热量
春卷皮10张	193千卡
荠菜300克	93千卡
冬笋1个	126千卡
五香豆腐干3块	137千卡
油500毫升（实耗30毫升）	269千卡
合计	818千卡

做法

1

荠菜择去黄叶、老根，洗净。

2

烧一锅开水，放荠菜烫软，捞出，过凉水，挤干，切碎。

烹饪秘籍

1 用少许清水粘住春卷皮封口，油炸时不会散开。

2 荠菜馅料中也有放肉糜或肉丝的，可随个人喜欢增加。

3 也可在两面刷上油，用空气炸锅炸熟。

3

冬笋去壳、去根，对半剖开，放锅中煮5分钟，取出放凉，切成细丝。

4
豆腐干切成细丝，和荠菜、冬笋丝拌匀，加盐调味。

5

取一张春卷皮，在一边放上15~20克的馅料，先折一头，再折两边，卷裹成长条形。

6

可在封口处抹少许清水，起粘合作用。包完所有春卷皮。

7

锅烧热，放油，加热到七成热，慢慢放入包好的春卷，炸至整体金黄。

8

取出放在吸油纸上，吸干油后放入盘中，吃时蘸米醋即可。

万千菇菇中，草菇总是很低调，然而在它朴实无华的外表下，却藏着一个爱笑的灵魂。只要你愿意切开它，它就会展现出一个个开怀的笑脸。这种鲜美、低脂又治愈的爱笑菇，你愿意尝试吗？

深藏不露爱笑菇

草菇烧丝瓜

时间
8分钟

难度
低

总热量
141千卡

主料　草菇250克　｜　丝瓜300克

辅料　姜2片　｜　蒜3瓣　｜　小葱2根　｜　蚝油1汤匙
味精1/2茶匙　｜　盐适量　｜　油适量

食材	热量
草菇250克 ·············	68千卡
丝瓜300克 ·············	60千卡
蚝油1汤匙 ·············	13千卡
合计 ·················	**141千卡**

做法

1 草菇清洗干净，对半切开，沥干多余水分待用。

2 丝瓜削皮、洗净，切滚刀块。

3 切好的丝瓜放入清水中浸泡，以免氧化变黑。

4 姜片去皮、切姜末；蒜剥皮、拍扁、切蒜末；小葱去根须，洗净，切葱粒待用。

5 锅中入油烧至六成热；下姜末、蒜末爆香。

6 下草菇入锅中，大火翻炒片刻。

7 然后下切好的丝瓜入锅中，继续大火翻炒均匀，关盖煮至草菇熟透，丝瓜变软。

8 最后加入蚝油、味精、盐，翻炒调味；出锅前撒上葱粒即可。

烹饪秘籍

草菇和丝瓜本身就含有超多水分，所以焖煮时不用另外加水，这样炒出来才够原汁原味，更加鲜香。

Pints 2¾

"烤蘑菇的小厨娘，
戴着一顶大厨帽……"
个头小小，烤出来却出奇鲜
美，而且肚子里装满了奶酪，
更是味醇香浓，奶酪控们可
以果断上手啦！

"蘑"力十足消夜趴

烤蘑菇

<table>
<tr><td>⏱ 时间 10分钟</td><td>🔥 难度 中</td><td>☀ 总热量 554千卡</td></tr>
</table>

主料 口蘑200克

辅料 奶酪适量 ｜ 香草碎少许 ｜ 黑胡椒粉2茶匙
盐适量 ｜ 油少许

食材	热量
口蘑200克	554千卡
合计	554千卡

做法

1 口蘑抠去根蒂，仔细清洗干净，沥干多余水分待用。

2 准备好烤盘，铺上锡纸，用刷子在锡纸上刷上薄薄的一层油。

3 然后将洗好的口蘑按照背面向下，依次放在锡纸上，并撒上适量盐。

4 将放有口蘑的烤盘放入预热好的烤箱中，190℃上下火烤约5分钟。

5 烤蘑菇的同时，将奶酪取出擦成碎屑待用。

6 5分钟后，取出烤盘，将擦好的奶酪放入去掉根蒂后形成的小孔中。

7 然后撒上香草碎，再次放入烤箱中，同等火力烤至奶酪微微化开。

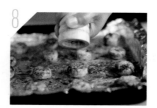

8 最后取出烤盘，根据个人口味撒上黑胡椒粉即可。

烹饪秘籍

烤蘑菇时可以根据个人口味适量增减烤制时间，想要蘑菇稍稍带些水分，就按照上面的时间烤制；如果喜欢干一点儿的，可以适当再多烤3~4分钟，但也要把握好，不能烤制过头。

杏鲍菇经常被素食餐厅做成"仿肉"。虽然口感肥厚，却是低脂肪、高蛋白的健康食材，还含有18种氨基酸。黄油煎香后甚至比吃肉还过瘾，终于可以无压力地大快朵颐了。

香浓白胖子

黄油杏鲍菇

⏱ 时间 **15**分钟

🔥 难度 **低**

☀ 总热量 **248**千卡

主料 杏鲍菇200克

辅料 黄油20克 ｜ 黑胡椒粉1/2茶匙

做法

1 杏鲍菇洗净，斜着切成0.5厘米的薄片。

2 炒锅小火加热，放入黄油烧至融化。

3 放入杏鲍菇翻炒，使杏鲍菇均匀裹上黄油。

4 小火慢慢翻炒，至杏鲍菇变软。

5 撒上黑胡椒粉，翻炒均匀即可出锅。

烹饪秘籍

小火煸炒会充分激发出杏鲍菇的鲜味，与黄油的香味交融在一起，鲜香浓郁。

讨厌蒜味的人有多排斥蒜蓉，痴迷蒜蓉的人就有多"丧心病狂"。蘑菇烤过之后快速脱水，让鲜味更加突出，配上蒜香的浓烈，一咬一口，越嚼越香。

马里奥兄弟的最爱

蒜蓉烤蘑菇

时间	难度	总热量
30分钟	中	313千卡

主料　口蘑100克　|　培根1片

辅料　蒜3瓣

做法

1 口蘑洗干净，去掉菇柄，露出伞盖下的凹洞。

2 蒜去皮、去蒂，放在压蒜器里压成蓉。

3 用小勺舀进蘑菇圆洞里。

4 培根切成碎末，依次放上。

5 烤箱预热至250℃。蘑菇放在烤盆里，上盖一张锡纸，进烤箱烤15分钟。

6 揭掉锡纸再烤5分钟，上色兼烤香蒜蓉。取出盛入盘中即可。

烹饪秘籍

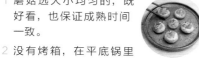

1 蘑菇选大小均匀的，既好看，也保证成熟时间一致。

2 没有烤箱，在平底锅里用少许油煎熟也可。

作为法国家常菜的小
蛋盅，特别适合作为早午
餐食用，烤几片香脆的法棍，
蘸着浓郁的流金蛋黄，一口下
去，麦香和蛋奶的浓郁在口中
融合，鱼子酱的鲜甜也迸发
而出，一天的满满正能
量就此开始。

134

每天都很浪漫

法式小蛋盅

时间
20分钟

难度
中

总热量
210千卡

主料　鸡蛋1个　|　黄油1茶匙　|　鲜奶油1茶匙
　　　　法棍1片　|　鱼子酱1茶匙

辅料　肉豆蔻少许　|　胡椒粉、辣椒粉、莳萝、盐各少许

食材	热量
鸡蛋1个················	70千卡
黄油1茶匙···············	44千卡
鲜奶油1茶匙·············	17千卡
法棍1片················	79千卡
合计················	**210千卡**

做法

1 取一个红茶杯，先放黄油1茶匙。

2 打进1个鸡蛋。

3 磨少许肉豆蔻在蛋上，撒上盐、胡椒粉或辣椒粉。

4 新鲜莳萝1小枝放在上面。

5 舀1茶匙鲜奶油在蛋上。

6 烤箱预热至180℃，杯子放在烤架上，烤盘加水放在烤架下，焗烤15~20分钟。

7 取出，加1茶匙鱼子酱。

8 用法棍蘸食。

烹饪秘籍

1 烤至蛋黄呈半凝固即可。

2 胡椒粉和辣椒粉任选一种，看个人口味。

无辣不欢，又想吃得健康一点，记得家里一定要常备一瓶好吃的剁椒。寻常菜式里加上一勺，即使清心寡欲的减脂餐都能马上唤醒味觉，变得超级好吃！

"炒鸡"好吃

剁椒青笋炒鸡丁

时间	难度	总热量
30分钟	中	350千卡

主料 鸡腿1个 ｜ 莴笋1根 ｜ 嫩姜25克

辅料 油1汤匙 ｜ 剁椒1汤匙 ｜ 盐1茶匙
料酒1汤匙 ｜ 淀粉1茶匙 ｜ 胡椒粉少许

食材	热量
鸡腿1个··················	180千卡
莴笋1根··················	30千卡
嫩姜25克·················	5千卡
油1汤匙··················	135千卡
合计··················	350千卡

做法

1 鸡腿肉去皮、去骨、去筋，切成1.5厘米见方的丁。

2 用盐、料酒、胡椒粉、淀粉上浆。

3 嫩姜切比鸡丁稍小的丁，用少许盐码味。

4 莴笋切丁，放少许盐抓拌一下，清水冲去多余盐分，沥干备用。

5 炒锅放油烧至七成热，下鸡丁炒至变色。

6 下剁椒炒香，炒出红油。

7 下姜粒炒熟。

8 最后放莴笋丁翻匀即成。

烹饪秘籍

1 莴笋不可久炒，过熟则减少清香味。也可换成黄瓜，翻匀即好。

2 剁椒有盐味，在给鸡丁上浆的时候盐要少放，炒配菜时不需再放盐。

相较于西餐中鸡胸肉
的实在，中餐中的鸡胸肉
却变得灵巧很多，搭配豆芽在
热锅烫油中轻快翻炒，鸡丝滑
嫩，豆芽爽脆。想要偶尔换换
口味的减脂女孩，可以安
排起来。

中式鸡胸料理

银芽鸡丝

时间 **30分钟**　难度 **中**　总热量 **439千卡**

主料　鸡胸肉1块　｜　绿豆芽100克　｜　韭黄50克
姜丝少许

辅料　油2汤匙　｜　盐1茶匙　｜　生抽1汤匙
胡椒粉少许　｜　淀粉1茶匙　｜　料酒1汤匙

食材	热量
鸡胸肉1块	142千卡
绿豆芽100克	16千卡
韭黄50克	12千卡
油2汤匙	269千卡
合计	**439千卡**

做法

1 鸡胸肉去筋去膜，切成细丝。

2 用盐、料酒、胡椒粉、淀粉拌匀备用。

3 绿豆芽择去根须和叶芽，洗净沥干，备用。

4 韭黄择净，清水冲洗，切段，备用。

5 炒锅加油烧热，爆香姜丝。下鸡肉丝划散，炒至七成熟，盛出。

6 锅内余油下绿豆芽炒至断生。

7 放入鸡丝，淋上生抽翻匀。

8 下韭黄段翻两下即可。

烹饪秘籍

没有韭黄，可用韭菜代替，没有韭菜，可用香葱段。或者不放也可。

成"团"感言

杏鲍菇鸡胸卷

时间 40分钟	难度 中	总热量 574千卡

主料 杏鲍菇1个（约200克） ｜ 鸡胸1块（约400克）
豇豆2根（约100克）

辅料 油少许 ｜ 盐适量 ｜ 生抽少许
熟芝麻少许 ｜ 现磨黑胡椒少许

食材	热量
杏鲍菇200克	70千卡
鸡胸400克	472千卡
豇豆100克	32千卡
合计	574千卡

做法

1 杏鲍菇洗净，纵向切成长薄片。

2 豇豆洗净，切成长段，长度和杏鲍菇片的宽度一致。

3 锅中加入清水烧开，下杏鲍菇片煮一两分钟。杏鲍菇煮软后，捞出沥干水分。

4 用锅中剩余的水将豇豆放入煮一两分钟，煮熟后捞出。

5 鸡胸也切成长薄片，加入盐和生抽，抓匀腌制10分钟左右。

6 将杏鲍菇片放于最下层，然后放上鸡胸片和豇豆，卷起来，插上一根牙签固定。

7 平底锅倒入少许油，放入杏鲍菇鸡胸卷，用中火煎至杏鲍菇表皮金黄、鸡胸变色。

8 将鸡胸卷取出摆盘，撒上现磨黑胡椒和熟芝麻即可。

烹饪秘籍

切杏鲍菇片时，厚度以3毫米左右为佳。太薄的卷起来容易破，太厚的不易定形。

工作日晚上想亲自
煮一顿饭，或许并没有想
的那么难。不相信？不如翻
一翻冰箱。西蓝花可以保鲜一
周左右，冰冻虾仁更是家中常
备，一焯一炒，一道高蛋白
低脂肪的好菜就可以
上桌了。

冰箱中的宝藏

西蓝花炒虾仁

⏱ 时间 30分钟　　🔥 难度 中　　☀ 总热量 406千卡

主料　冷冻虾仁200克　|　西蓝花半棵

辅料　油2汤匙　|　姜末3克　|　盐1茶匙
　　　　胡椒粉少许　|　料酒1汤匙

食材	热量
冷冻虾仁200克……………96千卡	
西蓝花半棵………………41千卡	
油2汤匙……………………269千卡	
合计……………………… 406千卡	

做法

1 虾仁自然解冻，冲洗干净，沥干水分。

2 西蓝花分解成小朵，洗净。

3 西蓝花放开水锅中焯至七成熟。

4 捞出过凉水，沥干备用。

5 炒锅烧热，放2汤匙油，加热至八成热。

6 放姜末爆香。

7 放虾仁翻炒，放盐、胡椒粉炒匀，淋上料酒去腥。

8 放西蓝花炒匀，加盖焖2分钟即可。

烹饪秘籍

1 西蓝花先焯至七成熟再和虾仁同炒，缩短了虾仁的烹饪时间，让虾仁的缩小率减到最小。

2 淮扬苏锡菜里的炒虾仁特别要求厨师的手艺，化繁就简，用便捷的食材同样可以吃到鲜嫩的虾仁。

酸甜的番茄刺激食欲，鲜嫩的鳕鱼增肌减脂，吃久了沙拉的减肥一族，千万不要错过这道汤汁浓郁的快乐减脂汤，再搭配一点蒸南瓜或者蒸红薯，一道健康晚餐大功告成。

酸甜快乐减脂汤

番茄炖鳕鱼

时间 25分钟

难度 低

总热量 277千卡

主料 鳕鱼200克 | 番茄1个（约170克）

辅料 番茄酱1汤匙 | 生抽1茶匙 | 蚝油1茶匙
白糖1/2茶匙 | 玉米淀粉10克 | 油适量

食材	热量
鳕鱼200克	176千卡
番茄1个（约170克）	43千卡
番茄酱1汤匙	12千卡
白糖1/2茶匙	12千卡
玉米淀粉10克	34千卡
合计	277千卡

做法

1 用厨房纸巾将鳕鱼表层的水分吸干。

2 将鳕鱼切成2厘米左右的小块。

3 将鳕鱼块均匀裹上淀粉。

4 番茄洗净，顶部划十字刀，放入沸水中烫30秒，去皮。

5 将番茄切小丁。

6 炒锅烧热，倒油，放入番茄，炒至出汁。

7 加水没过食材，煮沸，放入番茄酱、生抽、蚝油和白糖，搅拌均匀。

8 放入鳕鱼块，小火煮8分钟，待汤汁浓稠即可。

烹饪秘籍

鳕鱼块均匀裹上淀粉，可以保证在后续煮制过程中鳕鱼不易散开，加过淀粉的鳕鱼，肉质也会更加鲜嫩。

寒冷的季节，有谁能拒绝热气腾腾的砂锅的诱惑呢？用鲅鱼肉亲手打出鱼丸，一口一个，超营养还不会胖！手边有什么蔬菜、水果都可以往里面扔，越多越健康，炖出满满一砂锅，米饭都可以省啦！

鱼丸消消乐

果蔬鱼丸砂锅

时间 50分钟	难度 中	总热量 526千卡

主料 鲅鱼肉200克 ｜ 鸡蛋1个
胡萝卜半根 ｜ 鲜香菇1个 ｜ 平菇40克
小油菜2根 ｜ 木瓜30克 ｜ 菠萝80克

辅料 淀粉5克 ｜ 胡椒粉1/2茶匙
土豆粉40克 ｜ 蚝油1汤匙 ｜ 生抽3汤匙
料酒3汤匙 ｜ 香油1/2茶匙 ｜ 泡椒4根
姜2克 ｜ 香葱1根 ｜ 盐适量

烹饪秘籍

可以加点辣酱在汤中，更能提味开胃，直接喝汤或者泡饭都很香。

做法

1 鲅鱼肉洗净，用厨房纸吸干水分，切成小块，放入料理机中打成细腻的鱼泥。

2 土豆粉浸泡在清水中；鲜香菇洗净，切成片；平菇洗净，掰成小朵，胡萝卜洗净，去皮，切块。

3 小油菜洗净；木瓜、菠萝分别去皮，切成滚刀块；姜去皮，切末；香葱去根，洗净，切碎。

4 鱼泥中磕入鸡蛋，加淀粉、胡椒粉、姜末、香葱碎、盐，分多次加入清水，搅拌上劲。

5 砂锅中倒入适量开水，加入泡椒、土豆粉、胡萝卜块、香菇片、平菇、木瓜块、菠萝块，倒入生抽、料酒、蚝油搅拌均匀，中火熬煮10分钟。

6 左手取适量鱼泥，从虎口处挤出光滑的鱼丸，右手拿勺将鱼丸挖入锅中。

7 待鱼丸煮熟漂起后，放入小油菜，继续煮2分钟，加适量盐，淋入香油调味即可。

深夜食堂的头牌菜
应该就是这碗酒蒸花蛤了
吧，倒一杯清酒，时间在此
突然就慢了下来。看着锅中一
个个花蛤竞相绽放开来，一点
点烦恼也都放了下来。这可
比一碗泡面更能治愈一
个夜晚。

深夜小食堂

酒蒸花蛤

时间
20分钟

难度
低

总热量
374千卡

主料　花蛤500克　｜　白酒50毫升

辅料　干辣椒2个　｜　大蒜2瓣
小葱2根　｜　生抽2茶匙　｜　食用油适量
香油几滴

烹饪秘籍

买回来的花蛤泡在香油水里
30分钟，能有效令花蛤吐
干净沙子。

做法

1 花蛤洗净，滴几滴香
油，将花蛤泡在水中。

2 将吐干净沙的花蛤洗
净，控干水分。

3 小葱洗净、切末；大蒜
剥皮、切片。

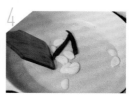

4 炒锅烧热，倒油，放入
大蒜和干辣椒炒香。

5 加入花蛤翻炒，倒入白
酒煮开。

6 待花蛤的嘴巴全部张开
后，放入生抽、葱末，
小火再煮1分钟即可。

青椒+鸡蛋+糙米，妥妥的低升糖组合，它们释放葡萄糖的速度慢，挨得住饿，也不容易转化为脂肪，听上去是不是很棒的样子？做成饭团，饿了吃一个，每一口都是满满的馅料。

低升糖组合

青椒蛋糙米饭团

 时间 20分钟　 难度 低　总热量 576千卡

主料 青椒30克 ｜ 鸡蛋1个
糙米饭100克

辅料 生抽1汤匙 ｜ 橄榄油10毫升
海苔碎10克

烹饪秘籍

青椒切得越细越好，在后面与糙米饭捏饭团时，才会捏成紧紧的饭团，否则会散开。

做法

1 青椒洗净，去蒂，切成碎丁。

2 鸡蛋打散至碗中，搅拌均匀。

3 平底锅烧热，倒橄榄油，倒入蛋液炒散。

4 再放入青椒丁和生抽，炒拌均匀。

5 炒好的青椒鸡蛋放凉后，与糙米饭捏成球形饭团。

6 在外层蘸上海苔碎即可。

饭团在日剧里总是十分活跃，几乎每个日剧都能到它的身影。加入燕麦和糙米的饭团，口感更加丰富，饱腹又低卡。阳光下吃着热乎的饭团，对自己说一声"干巴爹"（日语中的加油、努力）！

"干巴爹"饭团

燕麦饭团

- 时间 45分钟
- 难度 低
- 总热量 771千卡

主料	大米100克	燕麦米50克
	糙米50克	

辅料	海苔碎10克

做法

1 将大米、糙米和燕麦放入碗中，淘洗两遍。

2 将淘净的米加入清水，没过食材，浸泡2小时。

3 将淘米水倒掉，换上清水。

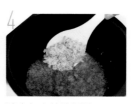

4 清水与米的比例是1.2∶1。放入电饭煲中，按下煮饭键，煮熟。

5 在煮熟的燕麦饭中放入海苔碎，搅拌均匀。

6 捏成三角形饭团即可。

烹饪秘籍

在洗干净的手上涂上一层薄薄的香油，饭团会更好成形，味道也更加香浓。

小小一个饭团，却汇
聚了菠菜的能量、土豆的
饱腹感与海苔的香脆，开胃、
清爽、无负担，每一口都是丰
富的味觉体验，用它开启一个
元气满满的早晨再适合不
过啦！

管饱饭团君

土豆菠菜糙米饭团

 时间 20分钟

 难度 低

总热量 562千卡

主料　大米100克　|　土豆100克　|　菠菜100克
　　　寿司海苔1/2张（约10克）

辅料　香油1茶匙　|　盐1/2茶匙　|　白芝麻适量

食材	热量
大米100克	346千卡
土豆100克	81千卡
菠菜100克	28千卡
寿司海苔1/2张	62千卡
香油1茶匙	45千卡
合计	562千卡

做法

1 大米淘洗干净，浸泡15分钟。

2 将泡好的大米放入电饭煲中，加煮饭量的水，按下煮饭键煮熟。

3 土豆去皮、切片，盖上一层保鲜膜，放入微波炉大火加热5分钟。

4 将微波好的土豆片压成土豆泥。

5 菠菜洗净、去根。

6 锅中烧开水，放入菠菜烫30秒，捞出，控干水分后切碎。

7 将米饭、土豆泥、菠菜、香油和盐搅拌均匀。

8 捏成饭团，包上一层寿司海苔，撒上白芝麻即可。

烹饪秘籍

如果不喜欢菠菜，也可以用其他的绿叶菜代替，如生菜、油菜等，按自己的口味来即可。

均衡饮食要从方方面面入手，手中那碗米饭自然也不能放过。大米的碳水比较高，可以加入一些粗粮均衡营养。小米养胃、燕麦高纤维、红豆味道香甜，与大米一起煮出来的饭不仅热量更低，味道也超级棒！

好多粗粮一碗装

红豆粗粮饭

 时间 45分钟　　 难度 低　　 总热量 655千卡

主料　大米100克　｜　红豆50克
小米20克　｜　燕麦米20克

烹饪秘籍

红豆提前一晚泡水，这样可保证煮出来的红豆更加软烂。

做法

1 红豆提前一晚洗净，泡水。

2 将大米、小米和燕麦米放入碗中，淘洗两遍。

3 将淘洗干净的米加入清水，没过食材，浸泡2小时。

4 将淘米水倒掉，换上清水，清水与米的比例是1.2∶1。

5 全部食材连同清水放入电饭煲中，按下煮饭键，煮熟即可。

银鱼虽小，却有"鱼中人参"的称号，不仅高蛋白低脂肪，还含有丰富钙质，不用刮鳞、不用去鳍，有了银鱼的"搅和"，鸡蛋饼都上升了一个层次。

渔家早餐饼

银鱼青菜饼

 时间 30分钟 | 难度 低 | 总热量 1203千卡

主料 银鱼80克 | 青菜40克

辅料 鸡蛋2个 | 面粉120克
香葱2根 | 胡椒粉1/2茶匙
橄榄油60毫升 | 生抽2汤匙
料酒1/2茶匙 | 盐适量

烹饪秘籍

青菜碎撒入盐后会出一部分水，所以在调面糊时不要放太多水。

做法

1 青菜洗净，切碎；香葱去根、洗净、切碎。

2 鸡蛋磕入面粉中，加入适量清水，调成细腻的面糊。

3 向面糊中加入银鱼、青菜碎、香葱碎、胡椒粉，倒入生抽、料酒，撒入适量盐，搅拌均匀。

4 平底锅中倒入适量橄榄油，烧至五成热时，倒一勺面糊，摊成厚约5毫米的饼。

5 待表层凝固后翻另一面，煎至金黄即可。

一道香甜软糯的玉米饼，送给爱吃面食又想要减肥的小伙伴。玉米面富含的膳食纤维能促进消化、帮助代谢，正好可以与香香甜甜的牛奶和那一丢丢白糖扯平啦。

一起吃粗粮
玉米杂粮饼

时间 90分钟	难度 高	总热量 654千卡

主料 玉米面100克 | 中筋面粉60克

辅料 白糖15克 | 牛奶50毫升 | 酵母1克
油少许

食材	热量
玉米面100克	350千卡
中筋面粉60克	217千卡
白糖15克	60千卡
牛奶50毫升	27千卡
合计	654千卡

做法

1 100克玉米面中倒入75毫升开水，迅速搅匀。

2 加入15克白糖和50毫升牛奶搅匀。

烹饪秘籍

在加入酵母前一定要先看面团的温度，在温热的时候加，温度太高，酵母会失去活性。

3 搅匀后放至面粉温热时，加入酵母，静置1分钟。

4 加入60克中筋面粉，揉成面团。

5 盖上一层薄纱布，静置1小时。

6 将醒发好的面团放在案板上，均匀分成4份，整理出圆饼。

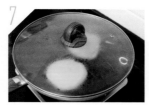

7 平底锅烧热，刷一层薄薄的油，转小火，放入玉米饼，盖上锅盖，煎6分钟。

8 待底部变黄，翻面再煎5分钟，至两面金黄即可。

喜欢甜点的朋友一定不会不爱南瓜饼。金黄的色泽，酥脆的外皮，南瓜自身带来的香甜在软软糯糯的口感中，越嚼越出味儿。南瓜还富含维生素B_6，可是增强免疫力的好帮手。

软软糯糯就是我
南瓜饼

 时间 30分钟

 难度 低

总热量 416千卡

主料 南瓜200克 ｜ 糯米粉100克

辅料 白糖5克 ｜ 油少许

食材	热量
南瓜200克	46千卡
糯米粉100克	350千卡
白糖5克	20千卡
合计	416千卡

做法

1 南瓜去皮，去除瓜瓤，切块。

2 蒸锅烧开水，放入南瓜蒸10分钟。

3 蒸好的南瓜趁热加入白糖，搅拌均匀，至白糖完全化开。

4 将搅拌均匀的南瓜糊放至不烫手的温度。

5 倒入糯米粉，少量多次添加，揉匀。

6 揉成不粘手的程度，将南瓜分成小圆球。

7 将分好的南瓜球按扁。

8 平底锅烧热，刷一层薄薄的油，放入南瓜饼，小火煎至两面金黄即可。

烹饪秘籍

如果南瓜面团粘手且不易成形，是因为南瓜水分太多而糯米粉太少，往里面加适量糯米粉即可。

韭菜独特的香味，让爱吃韭菜的人无法自拔。它还拥有丰富的膳食纤维，可以促进肠胃蠕动。饿了不如就给自己摊个韭菜饼吧。

割一拨韭菜

韭菜饼

 时间 10分钟

 难度 低

总热量 289千卡

主料 韭菜150克 | 鸡蛋1个
中筋面粉50克

辅料 盐1/2茶匙 | 油适量

烹饪秘籍

搅拌好面糊后，一定要静置10分钟。静置完的面糊会变稀很多，这样做出来的饼口感更好。

做法

韭菜洗净，切成3厘米左右的段。

取一个大碗，放入面粉、韭菜，打入1个鸡蛋，放入盐和适量清水。

搅拌均匀，静置10分钟。

平底锅烧热，刷一层薄薄的油，舀入一勺面糊。

用铲子迅速摊平。

待表面凝固后，翻面再烙1分钟即可。

韩料中的ACE，泡菜界的颜值王者，莫过于韩剧标配——泡菜饼。今日份开心就从这份酸酸辣辣的泡菜饼开始，放胆做，无须再加任何调味料，这绝对是最容易复制的美味。

酸酸辣辣泡菜饼

泡菜煎饼

( ) 时间 20分钟　　难度 低　　总热量 593千卡

主料 面粉100克 ｜ 鸡蛋1个
　　　 辣白菜200克 ｜ 洋葱1/4个

辅料 盐1/2茶匙 ｜ 食用油适量

烹饪秘籍

面糊在调制过程中不可加入太多水，太稀的面糊不好成形。

做法

辣白菜切碎、洋葱切末。

面粉中加入鸡蛋和适量清水，搅拌成面糊。

加入辣白菜、洋葱和盐搅拌均匀。

平底锅烧热倒油，舀入一勺泡菜面糊，摊成直径8~10厘米的小圆饼。

小火煎至两面金黄即可。

小葱排排坐

香葱煎饼

| ⏱ 时间 **30分钟** | 🔥 难度 **低** | ☀ 总热量 **479千卡** |

每到春天，就到了各种时令蔬菜横行之时，割一拨春韭配一把小葱，一片绿油油，让心情也明媚起来。小火煎得焦焦脆脆，切成易入口的小块，那酥脆的声音，每一个音节都能激起你的食欲。

主料 面粉110克 ｜ 小葱50克
韭菜30克 ｜ 鸡蛋1个

辅料 盐1茶匙 ｜ 食用油适量

食材	热量
面粉110克 …………………	387千卡
小葱50克 …………………	14千卡
韭菜30克 …………………	8千卡
鸡蛋1个 …………………	70千卡
合计 …………………	479千卡

做法

1 小葱、韭菜洗净，切成10厘米左右的长段。

2 鸡蛋打散，搅拌成蛋液。

3 面粉和盐放入碗中，加水，搅拌成面糊。

4 放入韭菜搅拌均匀。

5 平底锅烧热，刷一层油，将面糊倒入锅中摊平。

6 待面糊未完全凝固，均匀摆上小葱，用锅铲轻轻按压，使面糊与小葱融合。

7 将蛋液转圈倒入锅中。

8 当底部面饼煎熟，沿着锅边倒入食用油。

9 待油冒泡，翻面，小火煎至两面金黄酥脆即可。

烹饪秘籍

想要煎出的香葱煎饼金黄酥脆，要小火慢慢煎透，翻面前加入适量食用油是关键。

韩餐人气饼
韩式海鲜煎饼

⏱ 时间
30分钟

🔥 难度
低

☀ 总热量
560千卡

韩国料理似乎深谙减脂餐的搭配秘密；高蛋白的海鲜搭配富含膳食纤维的多种蔬菜，无须多加面粉即可做成一道既解馋又营养、还能饱腹的海鲜饼，不愧是实至名归的韩餐第一人气饼！

主料 面粉100克 ｜ 鱿鱼50克
虾仁50克 ｜ 韭菜50克 ｜ 洋葱1/4个
胡萝卜30克 ｜ 青椒30克 ｜ 鸡蛋1个

辅料 酱油1汤匙 ｜ 陈醋1茶匙
辣椒粉1茶匙 ｜ 白糖1茶匙
香油1茶匙 ｜ 熟芝麻适量 ｜ 食用油适量

食材	热量
面粉100克 ················	352千卡
鱿鱼50克 ················	42千卡
虾仁50克 ················	24千卡
韭菜50克 ················	13千卡
洋葱1/4个 ················	40千卡
胡萝卜30克 ················	12千卡
青椒30克 ················	7千卡
鸡蛋1个 ················	70千卡
合计 ················	560千卡

做法

1 鱿鱼洗净，去除表面筋膜，切细条；虾仁去除虾线。

2 韭菜、胡萝卜、青椒切5厘米长条；洋葱切片。

3 取一个大碗，放入面粉，慢慢加水，使其成为浓稠糊状。

4 将鱿鱼、虾仁、韭菜、胡萝卜、青椒和洋葱倒入，充分搅拌均匀。

5 平底锅烧热放油，倒入面糊摊平，小火煎至底部凝固。

6 鸡蛋打散成蛋液，均匀淋在饼上，小火煎。

7 翻面煎至两面金黄即可。

8 将酱油、陈醋、辣椒粉、白糖、香油和熟芝麻搅拌均匀成酱汁。

9 煎好的海鲜饼可搭配酱汁一起食用。

烹饪秘籍

在面糊下锅后再倒入蛋液，这样能使做出来的煎饼颜色更好，口感也外焦里嫩。

163

馋嘴鱼松贝贝

海苔鱼松蛋糕

时间
45分钟

难度
低

总热量
953千卡

主料 三文鱼200克 | 海苔2片 | 戚风蛋糕3块

辅料 柠檬1个 | 盐适量 | 沙拉酱3汤匙

"拜拜甜甜圈、珍珠奶茶、方便面……"难道真的没有好吃又低负担的零食吗?用低热量的手工三文鱼松代替普通肉松,再加入清脆的海苔碎,不仅可以当零食,还可以做小点心,馋嘴们有福啦!

做法

1 柠檬洗净,一切两半,挤出柠檬汁;海苔捣碎。

2 三文鱼洗净,切成小块,加柠檬汁和适量盐拌匀,腌制20分钟。

3 腌好的三文鱼冷水下锅,中火煮8分钟,捞出后沥干水分,用手捏碎。

4 平底锅加热,放入三文鱼碎,中小火不断翻炒,炒至水分收干。

5 炒好的三文鱼碎放入料理机中打成松茸状,加入海苔碎拌匀。

6 在戚风蛋糕的外层均匀涂抹一层沙拉酱,放入三文鱼松中翻滚,均匀裹满海苔鱼松即可。

烹饪秘籍

1 在捏碎三文鱼时,要检查一下是否有鱼骨、鱼刺残留,若有要取出,以免影响口感。

2 三文鱼本身含有丰富的油脂,因此不要再放油炒,否则会增加摄油量。

蒸、烤、拔丝……红薯可能有100种花样你都吃过，但这碗色泽明亮、口感酸甜粉糯的红薯糖水你未必有机会尝试。红薯含有膳食纤维、胡萝卜素等，与柠檬搭配，更能促进肠道蠕动。

吃红薯的套路多

柠檬红薯

时间	难度	总热量
20分钟	低	326千卡

主料 红薯2个 ｜ 柠檬1/2个

辅料 白糖1汤匙

做法

1 红薯洗净，保留皮，切成1.5厘米厚的圆片。

2 切好的红薯浸泡在水中5分钟左右。

3 柠檬洗净，切片。

4 锅中烧开水，放入红薯煮3分钟，沥干水分备用。

5 重新烧开水，放入红薯、柠檬片和白糖，大火煮开，转小火。

6 小火煮15分钟，煮至红薯熟透即可。

烹饪秘籍

红薯先放入锅中煮3分钟，能更好地去掉红薯中的涩味，激发红薯香甜的味道。

蘑菇鱼片粥

时间
45分钟

难度
低

总热量
291千卡

并不是所有心情不好的时刻都需要用"变态辣"来治愈，往往一碗冒着热气、清淡平凡的粥更直抵人心最柔软的地方。鱼片鲜美，蘑菇嫩滑，即使漫漫长夜，也能暖胃暖心。

主料 大米30克 ｜ 糙米30克
蘑菇6朵（约40克） ｜ 龙利鱼100克

辅料 盐1/2茶匙

烹饪秘籍

如果是明火煮粥，需要提前在锅中烧开水，将米下锅，大火烧开后转小火，煮至米粒软烂即可。

做法

1 糙米提前用温水浸泡2小时以上。

2 将大米淘洗干净。

3 蘑菇洗净，去蒂，切片。

4 龙利鱼切薄片。

5 将大米、糙米放入电饭煲中，加入水，水与米的比例是7：1，按下煮粥键，煮熟。

6 将蘑菇和鱼片放入粥中，小火煮5分钟，至鱼片与粥充分融合。

7 出锅前加入盐调味即可。

便利店情怀
关东煮

时间 20分钟

难度 低

总热量 346千卡

> 每次路过便利店看到冒着热气的关东煮都迈不开脚，"多来点汤"也成了习惯。清爽的汤汁咕噜咕噜可以喝上一满杯。便利店的美味也可以在家里还原哦，记得多多放点你的"心头好"。

主料 木鱼花20克 ｜ 干海带10克 ｜ 萝卜1/3根
魔芋结6~8个 ｜ 香菇6个 ｜ 肉丸适量

辅料 日本清酒200毫升 ｜ 酱油2汤匙 ｜ 味醂1汤匙

烹饪秘籍

制作的关东煮汤底要保持干净清澈，要小火慢煮，不能煮沸。

做法

1 萝卜削皮，切大块，放入锅中煮30分钟左右。

2 魔芋和香菇放入沸水中，煮1分钟捞出。

3 另取一锅，倒入400毫升清水煮开，立即关火。放入木鱼花，静置5分钟。

4 将木鱼花过滤出去，只保留高汤。

5 干净的锅中倒入味醂和日本清酒，煮2分钟。

6 加入海带、1000毫升水、木鱼花高汤和酱油，小火加热。将准备好的关东煮食材放入锅中煮15分钟。

7 冷却至常温，浸泡入味即可食用。

味噌汤或许是日本餐桌上出现频率最高的一碗汤了，以味噌打底，放入裙带菜、嫩豆腐、白萝卜、油豆腐等食材，不出几分钟，一碗暖意融融的日剧同款味噌汤就做好了，鲜美低脂，毫不费力。

日剧同款暖心汤

豆腐裙带菜味噌汤

时间	难度	总热量
15分钟	低	206千卡

主料　内酯豆腐150克　|　味噌酱60克　|　裙带菜5克

辅料　鸡精1茶匙　|　大葱少许

食材	热量
内酯豆腐150克…………75千卡
味噌酱60克…………120千卡
裙带菜5克…………11千卡
合计 …………206千卡

做法

1

裙带菜用清水泡开，冲洗一下。如果块太大就改一下刀，沥干待用。

2

内酯豆腐从盒里取出来，切成边长约1.5厘米的小方块。大葱洗净，切成圆薄片。

烹饪秘籍

味噌汤里应该放的是木鱼素，一种日料中常用的提鲜调料，国内用得很少。如果有干贝素也可以使用。如果都没有，鸡精也好。大葱的加入会给味噌汤增加生葱的清香，也可以不加，或者换成味道比较清淡的小香葱粒。

3

600毫升清水放入小锅中，大火加热。烧到锅底开始有小气泡的时候将豆腐放入，继续加热。

4

将味噌酱放入小滤网，准备一把勺子。煮豆腐的水沸腾后关火。

5

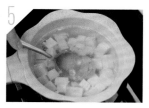

将装味噌酱的小滤网放入水中，用勺子碾压，使味噌酱溶于汤汁中。

6

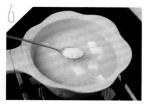

再次开火，加入鸡精，煮到锅中的汤汁基本沸腾即可关火。

7

将泡好的裙带菜捏一小撮放入小碗中。裙带菜很薄、很柔软，利用汤的热度烫熟就好。

8

将味噌汤连同豆腐盛入碗中，在汤表面正中央堆上少许大葱片。吃之前搅拌均匀即可。

围坐在寿喜锅前，看着锅里牛肉、菌类、各式蔬菜在冒着热气的锅里翻滚沸腾，香味氤氲在空气中，窗户也慢慢结起了水珠。这大概就是冬天最幸福的时刻。

咕嘟咕嘟的幸福

寿喜烧

时间
20分钟

难度
低

总热量
637千卡

主料	肥牛200克	香菇4个
	茼蒿100克	魔芋丝100克	豆腐100克

辅料	酱油1汤匙	味醂1汤匙
	白糖2茶匙	盐少许	黄油10克

烹饪秘籍

牛肉先煎后煮是为了保证牛肉的口感，令肉的鲜味不会流失。

做法

1　魔芋丝涂抹少量盐搓匀，用清水冲洗干净备用。

2　茼蒿洗净、切段；豆腐切块；香菇去蒂，表面划十字花刀。

3　将酱油、味醂、白糖搅拌成酱汁备用。

4　锅烧热放黄油，放入牛肉，小火先煎一下。

5　将酱汁倒入，加入等量清水煮开。

6　再放入豆腐、魔芋和香菇煮开。

7　转小火，放入茼蒿，再次煮开即可出锅。

味噌是以黄豆为主料发酵而成的，富含蛋白质和膳食纤维，可以修复肠道功能，促进新陈代谢。这也是为什么日本的传统套餐里都会配一碗味噌汤。加入了花蛤的味噌汤更增添了一份鲜香。

海味小碗汤

花蛤味噌汤

时间
20分钟

难度
低

总热量
94千卡

主料 花蛤150克 ｜ 小葱2根

辅料 味噌1汤匙 ｜ 酱油1茶匙
香油适量

做法

1
花蛤放入香油水中浸泡半小时以上。

2
浸泡好的花蛤清洗干净。

3
锅中烧开水，放入花蛤煮开，撇去浮沫。

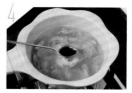
4
转小火，待花蛤全部张口后，放入味噌酱、酱油，大火煮开。

5
放入葱花、淋上香油即可出锅。

烹饪秘籍

为保证汤的口感，制作前花蛤一定要提前放在香油水中吐沙。

在韩国，大酱是家家必备的。它是由大豆发酵而成，低脂肪低热量。利用小鱼干吊出酱汤的鲜味，搭配大酱和辣椒，这汤头绝对不输外面任何一家韩料店。

来自韩国长寿村的秘密

韩国大酱汤

⏱ 时间 **30分钟**　　🍶 难度 **低**　　☀ 总热量 **110千卡**

主料　豆腐40克 ｜ 西葫芦40克
　　　　大葱1/3根 ｜ 青阳椒2根 ｜ 小鱼干10克

辅料　韩国大酱1汤匙 ｜ 酱油2茶匙

做法

1 豆腐切块；西葫芦洗净、切片；大葱切葱花；青阳椒切末。

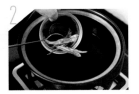
2 砂锅中加水，放入小鱼干，大火煮开。

3 加入大酱和酱油煮开。

4 转中小火，放入豆腐和西葫芦煮10分钟。

5 加入葱末和青阳椒末，即可关火。

烹饪秘籍

韩国大酱是由大豆发酵而成，因此在一开始放入锅中不会影响味道，反而会激发出大酱浓郁的香味。

4

CHAPTER

摆脱负担
低糖饮品

每每在韩式烤肉店用餐，泡菜未必再续，南瓜汤可是必须干两碗。浓稠顺滑的汤汁，顺着食道一点点温暖着整个身体，嘴里还在回味南瓜的醇香。南瓜丰富的膳食纤维还可以帮助肠胃蠕动，可不逊色养乐多哦。

液体黄金

南瓜汤

时间
20分钟

难度
低

总热量
152千卡

CHAPTER 4 摆脱负担 低糖饮品

主料 南瓜300克 ｜ 胡萝卜半根（约60克）

辅料 牛奶100毫升

食材	热量
南瓜300克	69千卡
胡萝卜半根（约60克）	29千卡
牛奶100毫升	54千卡
合计	152千卡

做法

1 南瓜去皮、去瓜瓤，切成3厘米左右的片。

2 蒸锅烧开水，放入南瓜大火蒸10分钟。

3 胡萝卜洗净，去皮，切小块。

4 将蒸好的南瓜与胡萝卜放入料理机中，打成南瓜泥。

5 将打好的南瓜泥倒入汤锅中。

6 加入牛奶，小火慢慢烧开至南瓜糊与牛奶充分融合，搅拌均匀即可。

烹饪秘籍

除了使用蒸锅蒸南瓜，也可以选择将南瓜放入微波容器中，盖上一层保鲜膜，放入微波炉大火加热5分钟即可。

175

时间 **15分钟**

难度 **低**

总热量 **142千卡**

瘦身的人一定不会陌生圆白菜，沙拉里总有一个位置是留给它的。圆白菜中的"乙酰胆碱"，还能刺激脑细胞的兴奋，促进记忆。这次试试将它榨成汁，打开它的另一个世界。

瘦身果蔬汁

圆白菜苹果汁

主料 青苹果1个（约200克）
圆白菜1/4个（约200克）

做法

青苹果洗净、去核，用刀切成小块。

圆白菜一片片洗净，切碎备用。

青苹果和圆白菜一同放入料理机中，加入少许饮用水。

将食材搅打均匀，倒入杯中即可。

烹饪秘籍

榨好的果蔬汁如果不立即饮用，可以滴入几滴白醋或柠檬汁，这样可以防止果蔬汁过快氧化。想要饮用更清爽的果蔬汁，也可以用纱布滤去渣滓。

用茶香驱散午后的困倦吧！不不，不是点奶茶，而是来一杯健康清新的水果红茶。用当季水果将杯子塞得满满当当，再倒入冲泡好的红茶，既好喝又有助消化。从今天起，每天给自己一个不喝奶茶的理由好吗？

| 时间 20分钟 | 难度 低 | 总热量 120千卡 |

一杯秋日幻想

时令水果红茶

主料 雪梨1/2个（约100克）
油桃1个（约50克） | 山楂3个（约30克）

辅料 红茶包1袋 | 冰糖少许

烹饪秘籍

可以根据季节选择不同的时令水果搭配，如果选择的水果本身糖分较高，可以适量减少或去掉冰糖。

做法

1 糯雪梨和油桃洗净，雪梨去皮，油桃去核。分别改刀成小块备用。

2 山楂洗净后对半切开，挖去山楂子。

3 锅中放入适量水，加入水果大火煮开。

4 转小火慢炖10分钟，加入冰糖和红茶包，再煮2分钟，关火。

水果丰收的季节，
不如给自己煮一杯营养满
分的水果茶。醇香的红茶，
搭配清爽的橙子和柠檬，酸酸
甜甜的百香果，再添加多种
当季水果，口感丰富，
酸甜酷爽。

水果多，欢乐多

热带水果茶

时间 25分钟 | 难度 低 | 总热量 301千卡

主料 猕猴桃1个（约100克）｜ 柠檬1个（约100克）
百香果2个（约50克）｜ 芒果1个（约200克）
橙子50克 ｜ 梨1/2个（约100克）

辅料 红茶包2个 ｜ 冰糖少许

食材	热量
猕猴桃100克	56千卡
柠檬100克	35千卡
百香果50克	49千卡
芒果200克	64千卡
橙子50克	24千卡
梨100克	73千卡
合计	301千卡

做法

1 芒果去皮、去核，取果肉打成果泥；百香果对半切开，用勺子挖出果肉待用。

2 柠檬洗净表皮，取中间部位切成2片，剩余部分挤出柠檬汁，倒入芒果泥中搅拌均匀。

3 猕猴桃、橙子去皮，和梨一同改刀切成小块。

4 将水果块、红茶包和冰糖放入锅中，加入足量水后煮沸，转小火慢煮10分钟左右。

5 当水果的香味煮出后，把锅中的水果茶倒入茶壶中。

6 把芒果泥和百香果肉也倒入壶中，搅拌均匀即可饮用。

烹饪秘籍

饮用时搅拌均匀，可使果泥和红茶充分融合，味道更加浓郁，喜欢喝冰饮的加入冰块亦可。

传言一杯珍珠奶茶等于3碗米饭，让"奶茶星人"瑟瑟发抖。不如在家做一份健康的珍珠思慕雪，加入的红心火龙果，不止颜值满分还营养无敌，丰富的花青素可以改善循环，增进皮肤光滑度，延缓衰老。

高颜值打动少女心

渐变色珍珠思慕雪

⏱ 时间 40分钟 | 🔥 难度 高 | ☀ 总热量 254千卡

主料 冻酸奶200克 | 红心火龙果1/2个（约100克）
木薯淀粉50克

辅料 草莓适量 | 白糖20克

食材	热量
酸奶200克	144千卡
红心火龙果100克	51千卡
木薯淀粉50克	59千卡
合计	254千卡

做法

1 将白糖与清水按照1∶2的比例搅拌均匀，至白糖完全溶化。

2 将糖水逐渐倒入木薯粉中，和成面团。

烹饪秘籍

搓好的珍珠圆如果一次性吃不完，可以多撒一些木薯粉，然后放在冰箱中冷冻保存，每次取出要吃的量煮熟即可。

3 木薯面团揉匀后，取豌豆大小的面团揉搓成小圆球（即珍珠圆）备用。

4 在锅中加入足量水煮沸，下入珍珠圆煮熟后捞出，放于冰水中备用。

5 火龙果取果肉，和草莓分别切成适宜的大小。

6 先将火龙果肉和一半冻酸奶放入料理机中搅打均匀，然后倒入杯中1/2处。

7 再取草莓果肉和剩余一半冻酸奶打匀，也倒入杯中。

8 将冰镇凉的珍珠圆取出沥干水分，放于思慕雪杯中就可以了。

花果茶似乎天生就是为女人定制的，这道由玫瑰和蔓越莓搭配的饮品，不但能够补气养血，对保护心血管也有很好的效果。经常饮用还能够减少色素沉积和皱纹的产生，使皮肤变得细腻光滑。

🕐 时间 **20分钟**　　🔥 难度 **低**　　☀ 总热量 **88千卡**

惊艳了时光

玫瑰蔓越莓茶

主料　玫瑰花茶3克　|　蔓越莓果干15克

辅料　蜂蜜1汤匙

做法

1 玫瑰花茶洗净，用温水泡软备用。

2 蔓越莓果干洗净，冷水浸泡后捞出，沥干后备用。

烹饪秘籍

蔓越莓果干本身不太甜，加点蜂蜜可以调节一下口味，如果不喜欢太甜，可以不加。

3 净锅，倒入适量纯净水，大火煮开，放入蔓越莓果干。

4 转小火煮1分钟后，放入玫瑰花茶。

5 关火闷2分钟后将花茶倒入杯中，加蜂蜜，搅拌均匀即可饮用。

想给身体减负的小仙女们看这里，除了吃得营养均衡，定期排毒也是必修课。许多人敬而远之的苦瓜富含一种活性蛋白质，可以唤醒体内免疫细胞。所以，年轻人多吃点苦，很有必要。

时间 **10**分钟 | 难度 **低** | 总热量 **98**千卡

苦味神仙水

苦瓜黄瓜青汁

主料 苦瓜1根（约300克） | 黄瓜1根（约200克）

辅料 青汁粉少许

烹饪秘籍

如果觉得苦瓜太苦了，可将苦瓜切成小丁后放入冷水中浸泡一会儿，这样就可以消除部分苦味了。

做法

1 将苦瓜和黄瓜分别洗净，然后将苦瓜剖开，挖去白色的瓤和子。

2 处理好的苦瓜和黄瓜全部切成小丁。

3 将苦瓜丁和黄瓜丁放入料理机中，加入少许饮用水。

4 放入少许青汁粉，搅打均匀即可。

把营养均衡、排毒的蔬果汁加入日常食谱吧。比如风靡超模圈的西芹汁，充满生命力与神奇的治愈力，能让身体和精神都焕然一新……是否真的那么强大？不妨亲身一试。

疗愈的魔法水

番茄西芹鸳鸯果汁

时间
10分钟

难度
低

总热量
67千卡

主料 西芹100克 | 番茄1个（约200克）

辅料 蜂蜜少许

食材	热量
西芹100克	17千卡
番茄200克	50千卡
合计	67千卡

做法

1 西芹择洗净，切成小块。

2 番茄洗净，剥去外皮，也切成小块。

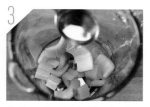
3 先将西芹丁放入料理机中，加入适量饮用水和少许蜂蜜，搅打均匀。

4 取打好的西芹汁，倒入杯子的1/2处。

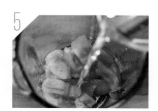
5 将料理机洗净，放入番茄块，加入少许饮用水搅打均匀。

6 用小勺将番茄汁轻轻倒入杯中即可。

烹饪秘籍

芹菜的水分比番茄少，所以密度更大的芹菜汁会沉在密度更小的番茄汁下面。如果分层不明显，可以在芹菜汁中加入蜂蜜来调节浓稠度。

超模最爱的羽衣甘蓝现在也变成了时尚圈的新宠，连牛油果见到它都只能默默让出健康食物界的C位。富含铁、钙和维生素C，热量还极低，轻轻松松就当上了蔬菜界的超级英雄。

时间 10分钟

难度 低

总热量 301千卡

超模的秘密特饮

羽衣甘蓝豆浆思慕雪

主料 羽衣甘蓝3片（约200克）
香蕉1/2根（约75克）

辅料 豆浆300毫升

烹饪秘籍

水果中含有天然的糖分，适量添加一些可以调节饮料的口感和味道。也可以将香蕉替换成你喜欢的其他水果。

做法

1 豆浆提前一夜倒入冰格中，放入冰箱冷冻过夜。

2 羽衣甘蓝洗净，沿着脉络撕成小片。

3 香蕉去皮，切成小块。可留两片做装饰。

4 将冷冻豆浆、羽衣甘蓝和香蕉放入料理机中，搅打细腻即可。

即使还没实现车厘子自由，也不要被"贫穷"限制了想象力！把一颗颗硕大的车厘子投入料理机，让丰富的维生素与紫甘蓝中的花青素充分融合，既能润滑肌肤、又能延缓老化。尽情享用这杯"凡尔赛"果汁吧！

时间 **10**分钟　难度 **低**　总热量 **25**千卡

尽享这杯"凡尔赛"果汁

紫甘蓝车厘子汁

主料　紫甘蓝1/4个（约100克）

辅料　车厘子适量

做法

1 紫甘蓝洗净，切去底部的老根后，将叶片改刀切成小块备用。

2 车厘子洗净后，去蒂、去核，留下果肉。

3 将上述食材放入料理机中，加入100毫升饮用水，搅打均匀。

4 将打好的果蔬汁倒入杯中，就可以享用了。

烹饪秘籍

紫甘蓝汁冷热饮用皆可，肠胃功能较弱的老人和小孩可以将常温的饮用水替换成温开水，这样打出的果蔬汁微微温热，入口正合适。

水果界的劳模姐来啦！她就是红心火龙果，不仅是抗氧化小能手，还能帮助润肠道。她还是水果界的天然染色剂，无论搭配什么水果，都有瞬间提亮的效果。粉粉嫩嫩、有颜有料的果茶，快干一杯吧！

时间 **15分钟**

难度 **中**

总热量 **100千卡**

红红火火茶
红心火龙果茶

主料 红心火龙果1个（约200克）

辅料 茉莉花茶少许 | 蜂蜜少许
矿泉水1瓶

做法

1 茉莉花茶放入茶壶中，倒入矿泉水，盖紧盖子，放入冰箱中冷藏过夜。

2 火龙果挖出果肉，切成适宜大小，放入料理机，调入少许蜂蜜，打成均匀的果泥，铺于杯底，倒入冷萃茉莉花茶即可。

> 烹饪秘籍
>
> 茉莉花茶可替换成其他种类的绿茶茶包，冷萃后的绿茶即时饮用非常提神醒脑。

零负担薄荷汁
黄瓜薄荷汁

主料 黄瓜1根（约200克）

辅料 薄荷叶少许

做法

1 黄瓜洗净、去皮，切块。薄荷叶洗净，放入杯中，用擀面杖捣出汁液，加入适量饮用水，浸泡5分钟左右，等待薄荷精华渗入水中。

2 将黄瓜和薄荷水一同倒入料理机中，搅打均匀即可。

时间 **10分钟**

难度 **低**

总热量 **32千卡**

如果你正在与新陈代谢暗自较劲，那这道黄瓜薄荷汁就再适合不过了。黄瓜富含黄瓜酶，生物活性非常强，促进新陈代谢的作用一流，再搭配适量的有氧运动，一起跑赢时光和衰老吧。

> 烹饪秘籍
>
> 薄荷直接榨汁后饮用会太过清凉，冷泡萃取出薄荷水，再用来和其他果蔬一起榨汁味道正好。

薄荷、青柠、抹茶，还有比这三者更加适合夏日、健康清爽的组合吗？炎热的夏日午后，快泡在这壶冰凉清爽的小清新里做一场白日梦吧……

一场沁凉白日梦

薄荷香茶

 时间 **10分钟**   难度 **低** ☀ 总热量 **41千卡**

主料 薄荷叶10克 | 青柠檬1个（约100克）

辅料 抹茶粉1茶匙 | 蜂蜜少许

做法

1. 薄荷叶和青柠檬洗净，甩干水分。

2. 将薄荷叶剪成小段，每段上有三四片叶子即可。

3. 青柠檬纵向对半切开，然后每半个再切成均匀的三份。

4. 将抹茶粉放入能够密封的瓶中，加入少许水用力摇匀，晃动至无结块。

5. 取一个杯子，加入适量冰块、薄荷叶、青柠檬和少许蜂蜜。

6. 倒入摇匀的抹茶，饮用时插入一根吸管即可。

烹饪秘籍

新鲜的薄荷叶在冲泡时，往往在清凉感中会有一点点苦的味道，同时抹茶也有些微苦，所以这款饮品中蜂蜜必不可少，它可以中和苦涩的味道。

萨巴厨房® 系列图书

吃出
健康
系列

沙拉花园 | 能量果蔬汁 | 营养辅食轻松做 | 好喝的粥 | 减脂轻食

蔬果沙拉 | 粗粮细做 | 像营养师一样吃晚餐 | 像女王一样吃早餐 | 滋补靓汤 | 主食沙拉

一煲好汤 | 一碗好粥 | 元气素食 | 低卡饱腹健康餐 | 多吃蔬菜身体好 | 沙拉与果蔬汁

轻食沙拉纤体瘦身 | 24节气养生餐 | 沙拉与三明治 | 无烟少油轻食料理 | 减脂健康餐 | 诱人的减脂料理

0-3岁宝宝营养辅食全攻略 | 广式滋补靓汤 | 0-7岁聪明宝宝餐 | 给孩子吃的快手营养早餐 | 0-12岁孩子成长餐 | 手作健康零食

怀孕期营养食谱 | 汤汤水水滋养全家 | 汤水之爱 | 月子期营养食谱 | 低盐少糖健康料理 | 减肥就是好好吃饭 | 晚餐请吃七分饱

西餐 轻松做

懒人下厨房

烤箱料理

好吃懒做家常菜

懒人快手营养早餐

懒人下厨房系列

懒人下面条

花样烤箱料理 快捷 营养 美味

懒人健康菜

烤着吃才香

烤箱轻食

懒人快手做一餐

午餐 Brunch

米饭最佳伴侣

米饭爱小炒

焦糖情书

好汤好菜

意面和比萨

不可一日无肉

家常美食系列

原汁原味好吃蒸菜

零失败家常菜

回家吃饭

一碗好酱 一桌好菜

蒸炖煮一本全

鱼 我所欲也

原汁原味好吃蒸菜

清粥小菜

麻辣鲜香煲嘴川菜

花样主食

爱吃馅

野餐便当

缤纷饮品

日料与韩餐

炒饭炒面

在家吃火锅

面包上的100种早餐

果汁 果酱

凉菜凉面

调好味做好菜

用对锅做好菜

图书在版编目（CIP）数据

萨巴厨房. 零负担轻食 / 萨巴蒂娜主编. — 北京：
中国轻工业出版社，2021.7
ISBN 978-7-5184-3503-6

Ⅰ . ①萨… Ⅱ . ①萨… Ⅲ . ①减肥 – 食谱
Ⅳ . ① TS972.12

中国版本图书馆 CIP 数据核字（2021）第 092994 号

责任编辑：张　弘　　　责任终审：张乃東
整体设计：锋尚设计　　责任校对：晋　洁　　责任监印：张京华
出版发行：中国轻工业出版社（北京东长安街6号，邮编：100740）
印　　刷：北京博海升彩色印刷有限公司
经　　销：各地新华书店
版　　次：2021年7月第1版第1次印刷
开　　本：710×1000　1/16　印张：12
字　　数：200千字
书　　号：ISBN 978-7-5184-3503-6　定价：49.80元
邮购电话：010-65241695
发行电话：010-85119835　传真：85113293
网　　址：http://www.chlip.com.cn
Email：club@chlip.com.cn
如发现图书残缺请与我社邮购联系调换
201543S1X101ZBW